LE COFFRE À OUTILS PSYCHOTHÉRAPEUTIQUE

Dépôt légal : 2010
Bibliothèque et Archives nationales du Québec
Bibliothèque et Archives Canada

Zachée Éditions Inc.
Éditrice : Lynda Lamontagne
Photo de couverture : Corbis
Maquette : Hécate Robert
Relecture : Lénore Robert

Richard-Lorenzo Robert Ph.D.

Docteur en Counseling et en Métaphysique

LE COFFRE À OUTILS PSYCHOTHÉRAPEUTIQUE

Pour un soulagement naturel et
autonome lors des moments difficiles

Zachée Éditions

Montréal, Québec, Canada

Du même auteur :

Psychanalysez-vous vous-même
Québecor, août 2012, 200 pages.

Métapsychanalyse
Zachée Éditions, novembre 2015, 302 pages.

À venir :

Une Session en Enfer
Zachée, hiver 2017

Traitez-vous vous-même sous Hypnose
Zachée, hiver 2017

Vocabulaire de Métaphysique et de Métapsychanalyse
Zachée, printemps 2018

À Lynda

pour être le 'tout' de ma vie

À Huguette, Jacques et Zachée

pour tout ce qu'ils ont été
et pour tout ce qu'ils continuent
d'être, même dans leur absence

À mes patients

pour m'avoir fait confiance au point
de mettre à l'épreuve les présents outils

TABLE THÉMATIQUE DES MATIÈRES

Quel constat peut-on honnêtement effectuer quant à notre indice de bonheur actuel, en tant qu'individu ou en tant que collectivité, dans le monde débridé où nous vivons ?

Quels moyens concrets est-on en mesure de mettre de l'avant afin d'améliorer un tant soit peu notre mal-être personnel, de telle sorte qu'en s'aidant individuellement, chacun puisse concourir à peaufiner par ricochet la qualité de vie de la collectivité?

En effet, en ce début de troisième millénaire à l'intérieur de nos sociétés sensément évoluées, il est singulier de noter à quel point les progrès en présence ne nous permettent pas nécessairement d'être tout aussi évolués sur le plan humain. Car bien au-delà des problèmes sociaux propres à notre époque, et concernant notre entité collective (*et ils sont légion- l'augmentation marquée du taux de suicide dans un pays soi-disant prospère, la hausse démesurée des prescriptions d'antidépresseurs et d'anxiolytiques, les temps d'attente indécents dans les urgences des grands hôpitaux, la rage au volant, les invasions de domicile, le taxage à l'école primaire, la sombre possibilité d'arriver à notre retraite et de ne pouvoir recevoir quelque rente ou pension que ce soit, pour n'en citer que quelques uns..*), l'individu en lui-même n'a jamais été aussi fragilisé et insécurisé, révolté et potentiellement explosif, qu'il ne l'est actuellement. Convenons qu'à partir de tout ceci, il y a bien sûr matière à une telle propension de mal-être, sauf que dans notre monde aussi impersonnel que déresponsabilisé, alors que les gouvernements se veulent temporaires et fuyants, les sociétés superficielles et mercantiles, il n'est guère aisé de pointer du doigt **le** point d'origine de ce qui est en présence, pour aspirer à effectuer les corrections qui s'imposent. Et si l'on ajoute à cette équation l'omniprésence toute omnipotente des mass media, à qui le petit peuple que nous sommes remet presqu'aveuglement sa confiance et sa foi pour se divertir et s'informer, et pire encore pour en tirer l'essence de ses valeurs et de ses croyances, de sa moralité et même de son humanité, nous constatons alors à quel point notre profondeur et notre 'évolution' s'avèrent plutôt superficielles. Car il ne faut point se leurrer : c'est assurément de cette manière que notre collectivité humaine se définit elle-même et définit ensuite ses critères pour établir ce qui se veut normal, et ce qui ne l'est pas, consacrant de la sorte ce que l'on voit au cinéma, ce que l'on entend à la radio, ce que l'on subit dans les publicités comme étant les ultimes référentiels en ce sens. Bien après la religion dogmatique d'autrefois, bien avant le bon sens même le plus élémentaire.

Et devant cette somme de conditionnements subtils, d'exemples-types de modèles à imiter, le tout s'avérant trop souvent plus préjudiciable que recommandable, doit-on se surprendre de l'état d'esprit confus de notre collectivité actuelle, et de son retentissement tout aussi néfaste sur chaque individu qui lui est assujetti.. Oui, les images ici valent assurément mille maux auprès de la psyché collective.

Mais que le lecteur se rassure : nous ne chercherons pas pour autant à tenter de sauver l'humanité par la présente ! Nous partirons plutôt du postulat selon lequel nous ne pouvons aider quelqu'un au-delà de ce que cette personne elle-même est disposée à faire pour justement s'aider. Donc, il n'en tiendra qu'à vous qui lirez ces lignes d'agir selon votre libre-arbitre, selon ce que vous sentirez répondre le plus à vos carences parmi ce qui suit.

Car tel que son titre le suggère, cet ouvrage consiste en une série de techniques que nous avons cherché à garder simples et efficaces, afin qu'il vous soit loisible de les appliquer *par vous-même* lors de vos moments de désarroi ou de crise personnelle, pour mieux les désamorcer, ou à tout le moins en apaiser la perception que vous en avez. En effet, le visage du mal-être contemporain s'est considérablement modifié, aggravé, au gré des décennies, se faisant plus diffus et sournois, et de plus en plus vitement expédié par le système de santé. À la consultation étendue et empathique avec notre professionnel du passé, de laquelle nous ressortions avec une ordonnance d'une pomme par jour et d'un peu de repos à se ménager, a succédé la rencontre-éclair assortie d'une macédoine d'adaptogènes, d'antidépresseurs ou d'anxiolytiques. Pourquoi, se dit-on aujourd'hui, prendre du temps pour chercher à exciser le problème à sa souche lorsqu'on peut simplement en amoindrir l'impact ? Pourquoi se soumettre à une psychothérapie susceptible de raviver des émotions troubles, de nous faire sentir encore plus mal dans notre tête avant de nous faire ultimement sentir un peu mieux, tandis qu'il est à notre portée de simplement transir le senti en découlant ? Jamais le temps, le temps que l'on ne prend pas, le temps que l'on expédie allègrement, n'aura autant été synonyme d'argent, de résultats immédiats, et cela les grandes pharmaceutiques peuvent longuement élaborer sur le sujet. Mais stoppons là toute critique qui ne serait point constructive, puisque nous avons clairement choisi ici d'aspirer à humblement faire partie de la solution, plutôt que de la détractation pure et simple du système.

Il va sans dire que les mesures que vous allez découvrir dans ces pages ne conviennent possiblement pas toutes à ce que vous pouvez vivre en termes de bouleversement ou de souffrance d'un moment donné : en ce sens, nous vous proposons d'utiliser l'un des quatre biais d'action suivants afin de retirer le maximum de ce matériel;

- Vous pouvez tout d'abord le lire classiquement de façon linéaire, à la manière d'une œuvre de psychologie populaire, pour mieux découvrir et apprécier chacun des outils présentés, de manière à ne point risquer d'en escamoter un qui pourrait s'avérer particulièrement indiqué pour vous;

- Vous pouvez également consulter les rubriques de la *Table des matières thématique*, sous lesquelles sont classées chacune des dites techniques, et considérez alors ce qui semble répondre spontanément le mieux à vos besoin, ou même ce qui vous inspire intuitivement le plus. Il vous sera ensuite plus facile de valider votre sélection en lisant, mettant en pratique les techniques retenues, pour ultimement mieux faire vôtre ce qui vous aura le mieux réussi;

- Afin de trouver un élément de solution davantage taillé sur mesure pour ce que vous vivez, vous pourrez dans ce cas plutôt vous en remettre aux pages intitulées **Référencement suggéré pour Problématiques spécifiques** figurant à la fin du livre, dans le but de vous aiguiller en moins de temps vers celles qui colleront apparemment mieux à votre réalité. Prenez alors connaissance des maux, troubles et difficultés de l'âme qui y sont listés, puis reportez-vous aux techniques suggérées pour traiter chacun.

- Ultimement, vous pouvez considérer ce bouquin comme une sorte de *Livre dont vous êtes le Héros*, en vous appliquant à en apprivoiser systématiquement tous les exercices en présence dans l'ordre suggéré, du premier au dernier, comme s'il s'agissait d'une authentique démarche de thérapie personnelle en bonne et due forme, vous permettant de travailler méthodiquement sur vous, en commençant par le volet **Auto-analyse et Bilan de vie**, pour mieux suivre avec les outils de redressement.

Bien entendu, est-il besoin de préciser que nous n'aspirons pas ici à apporter des résolutions dites définitives à tous les problèmes du quotidien, pas plus qu'à nous substituer aux lumières d'un professionnel en santé mentale.. Tout au plus visons-nous à proposer quelques techniques d'aide, d'exécution aisée et rapide, pour mieux vous soulager lorsqu'une aide professionnelle n'est pas disponible au moment d'une crise, ou quand les circonstances ne se prêtent pas à obtenir une autre forme de support.

Voilà d'ailleurs l'optique que nous vous recommandons d'adopter face à ces techniques : de considérer celles-ci en tant qu'adjuvants exécutables <u>ici et maintenant</u>, sans qu'aucune dépendance notoire ou effet secondaire n'y soit implicitement rattaché. Point à la ligne.

D'autre part, d'une façon plus métaphorique, si vous êtes le type de lecteur qui vous situez plutôt de l'autre côté du bureau, à savoir dans le fauteuil même du *psy*, ce livre saura peut-être alors vous inspirer quelques adjuvants psychothérapiques, nonobstant l'approche ou l'orientation que vous privilégiez. Qu'il nous soit d'ailleurs permis de préciser pour nos amis puristes, que l'éclectisme est à l'honneur dans ce recueil, puisque l'ensemble des techniques proposées ne sera dit être l'apanage exclusif d'une école ou d'un théoricien. Tout ce que nous avons consigné au travers de la présente rédaction, c'est ce que nos vingt années de pratique professionnelle nous ont modestement permis d'entrevoir en tant que solutions pragmatiques.

Finalement, qu'il nous soit permis de recommander au lecteur qui veut s'aider d'une façon plus particulière en prenant un parti proactif dans la somme d'information qui suit, de se munir d'un cahier d'accompagnement et de quelques crayons, histoire de pouvoir relater en un seul et même endroit, au fil des pages qu'il choisira d'appliquer dans son quotidien, le fruit de son expérience en matière de mieux-être autonome. Car comme en toute chose psychothérapique, avec le recul du temps qui va passer après coup, vous aurez là la somme d'une véritable petite thérapie personnelle autant que personnalisée, qui vous permettra de mieux jauger les progrès accomplis depuis, et de possiblement au passage entrevoir plus nettement votre potentiel de bonheur face à votre avenir.

Et au point de conclure cette entrée en matière, il nous faut préciser que si vous vous émoustillez de trouver ci-après des tournures de mises en situation formulées uniquement au masculin, sachez que cela est strictement par souci d'alléger l'écriture et la lecture. Prière donc d'adapter au besoin votre perception littérale au féminin, et de ne voir le tout qu'en tant qu'accommodement raisonnable, et non comme un manque de déférence.

Sur ce, bonne lecture, bonne démarche, bon désamorçage.

R.L. Robert Ph.D.

PREMIÈRE PARTIE

Auto-analyse et Bilan de Vie

ÊTRE SON PROPRE 'PSY'

S'apprivoiser, se comprendre, se réhabiliter de façon autonome

Toute démarche psychothérapeutique en individuel repose fondamentalement sur la qualité de la relation qui s'établit entre le sujet et son thérapeute. Et selon l'étoffe des 'atomes crochus' qui seront en présence, le processus interactionnel pourra générer de bons ou de mièvres résultats. Or, comme tout ceci repose sur des facteurs des plus aléatoires, moult gens en souffrance s'épuisent dans leur volonté de s'en sortir lors de cette simple phase de sélection d'un professionnel avec qui ils souhaitent se sentir tout spontanément à l'aise. Car à moins de bénéficier d'une solide référence de la part de quelqu'un qui a déjà consulté avec succès, cette 'démarche avant la démarche même' peut malencontreusement s'éterniser dans le temps, et devenir plus frustrante que le travail auquel les gens savent devoir s'astreindre. Et puisque tous les professionnels en relation n'aide n'offrent pas nécessairement une rencontre initiale à moindre prix, dans le but de justement faciliter ce processus au grand public, le tout peut devenir des plus onéreux pour celles et ceux qui ne bénéficient pas d'une couverture d'assurance en ce sens, ou de ressources pécuniaires suffisantes.

Qu'une chose toutefois soit bien claire ici : nous n'exhortons point le grand public à la désobéissance civile, c'est-à-dire à prendre la pratique -maintenant réglementée- de la psychothérapie entre ses mains ! Loin de nous pareille subversion ! Cependant, étant donné la fatuité et l'autosuffisance de certains des 'psys' que nous sommes, force est d'admettre que le populaire aphorisme *On est jamais si bien servi que par soi-même* se révèle des plus séduisants à mettre à l'essai. Dans un tel contexte donc, pourquoi ne pas vous permettre d'être **vous-même** votre propre 'psy' ? Pour se faire, vous n'aurez besoin que d'un petit magnétophone ordinaire, ou d'un autre type d'enregistreur à votre convenance, et de quelques cassettes audio ou disques compacts vierges. Voici comment procéder :

Première étape

1. *Réservez-vous tout d'abord une période quotidienne précise pour cette auto-thérapie, de préférence une heure par jour, toujours au même moment, et si possible au même endroit. Assurez-vous alors de pouvoir jouir d'une quiétude et d'une solitude qui vous appartiendront authentiquement.*

2. *Installez-vous ensuite confortablement, prenez un moment afin de vous détendre, puis mettez l'enregistreur justement en mode 'enregistrement' ('Play-Rec').*

   Maintenant, pour les prochaines soixante minutes, laissez-vous aller à parler de vos vagues à l'âme, de tout ce qui vous oppresse, de ce que vous sentez être à l'origine de votre mal-être. Au besoin, parlez comme si vous vous adressiez véritablement à quelqu'un d'autre, à un 'psy' invisible même, si cela peut vous aider.

   Ne réfrénez surtout pas les émotions qui pourraient monter ce faisant : permettez-leur, au contraire, de pleinement s'exprimer. Après tout, personne n'est là pour vous juger..

   Si rien de précis ne se présente à votre esprit, si rien de particulier ne s'articule, contentez-vous alors de vivre malgré tout ce 'vide', même s'il doit se traduire par certains moments de mutisme sur l'enregistrement.

3. *Une fois l'heure écoulée, retirez la cassette ou le DC de l'appareil, inscrivez-y la date du jour, puis remisez-là soigneusement à un endroit où personne ne sera susceptible d'aller glaner. Donnez-vous subséquemment quelques minutes pour ventiler de cette expérience, en allant préférablement à l'extérieur prendre quelques bonnes respirations, ou*

simplement en vous aérant l'esprit sur votre balcon. Inspirez l'oxygène ambiant en sentant que vous vous ressourcez, que vous vous tempérez dans votre émoi, conservez cet oxygène bienfaisant en vous tout en en ressentant les effets apaisants, puis expirez hors de votre être tout ce qui a pu monter en vous de peine et de souffrance. Répétez le tout une seconde fois, si besoin est. Voilà qui conclura votre première séance !

4. *Répétez méticuleusement les procédures 1, 2 et 3 pour les **dix prochains jours** [pas davantage pour commencer], en voyant à utiliser à chaque reprise une cassette ou un DC différent, que vous prendrez toujours soin de dater, puis de ranger minutieusement. Ces dix heures d'enregistrement vous permettront ainsi d'extirper de vos entrailles une somme intéressante d'émotions et de réminiscences difficiles.*

Deuxième étape

5. *Reprenez vos habitudes de la première phase presque intégralement [i.e. de vous réserver une heure par jour, au même moment..], à la seule différence que cette fois-ci, vous allez **écouter** au complet l'enregistrement que vous avez effectué le tout premier jour, en prenant toujours soin de bien laisser monter, et pleinement s'exprimer, les émotions que cela pourra ramener. À nouveau, ne vous restreignez surtout <u>jamais</u> en ce sens. À la fin, rangez comme toujours votre enregistrement avec soin, puis allez prendre l'air. Le jour d'après, vous écouterez la cassette suivante, et ainsi de suite jusqu'à ce que vous ayez ré-écouté l'intégralité de vos enregistrements, toujours à raison d'une seule écoute par jour. Résistez à la tentation d'annoter, de vouloir rajouter quoi que ce soit à ce stade-ci :*

> *contentez-vous simplement de vous ré-imprégner de votre vécu, tel que narré sur la cassette/DC.*

6. *Une fois ces dix jours d'écoute passés, prenez maintenant le temps de voir comment vous vous sentez à la suite de tout ceci. La douleur intérieure, la peine, la souffrance sont-elles toujours aussi vives ?*

> *Si oui, si le tout reste encore très pénible pour vous à supporter, permettez-vous alors de reprendre intégralement l'exercice, mais cette fois-ci sur une période supplémentaire de sept jours (sept jours consécutifs d'enregistrement, suivie d'une période de sept jours d'écoute). Sinon, prenez soin de ranger précautionneusement tout votre matériel en lieu sûr, ne serait-ce que pour pouvoir y revenir un jour apprécier le chemin parcouru depuis.*

Vous aurez compris que l'idée derrière cette pratique est de vous amener à tempérer progressivement la charge hautement émotionnelle rattachée aux souvenirs affligeants de certains épisodes de votre existence, en les exprimant verbalement, en les ré-apprivoisant par une écoute active, répétitive, qui en facilite l'assomption. Un souvenir étant un souvenir, il est conséquemment impossible de l'éradiquer systématiquement de votre mémoire. En contrepartie, il est de votre ressort d'en exciser la charge émotive subsistante, en le ressentant répétitivement, constructivement, pour mieux le faire nôtre, en l'intégrant littéralement à votre vécu, en tant qu'événement non seulement *vécu*, mais aussi –et surtout- sainement *assumé*, intégré à votre existence de telle sorte qu'il puisse dorénavant vous être possible d'en ressasser l'occurrence, mais sans pour autant que sa réminiscence ne vienne viscéralement vous chambouler une fois de plus. Ce sera à cet instant le signe inéluctable qu'une paix réussie aura été conclue avec cet événement de votre passé.

LE JOURNAL PERSONNEL MÉTHODIQUE

Où se confier à soi-même peut devenir le premier pas vers une auto-analyse

Il fut un temps où il était dans les coutumes propres aux jeunes filles de tenir presque quotidiennement un journal intime. Il constituait en fait, dans le contexte des mœurs de l'époque, l'exutoire par excellence pour celles-ci, qui étaient alors fort marginalisées en société, confiant ainsi de discrète façon leurs émois, leurs espoirs, leurs pensées, aux pages vierges qui les accueillaient jour après jour, et ce sans jugement ni bigoterie, allégeant de la sorte un tant soit peu l'ostracisme dont elles étaient l'objet.

De façon étonnante en cette ère de télécommunications hyper nichée, la mode du journal intime a survécu à tous les changements sociaux que nous avons traversés depuis un siècle, s'avérant toujours un outil d'expression prisé par certaines adolescentes, artistes aux vagues à l'âme incessants, ou autres gens en proie à une impasse communicationnelle.

Dans tous les cas, et en dépit de son apparente facilité, voici la procédure que nous vous recommandons de suivre afin d'en obtenir des résultats optimaux :

1. *Pourvoyez-vous d'un solide carnet ligné, convenablement relié pour que les feuillets ne s'en détachent pas trop aisément, qui ne sera ni trop grand, ni trop petit, mais facile à manier, et bien sûr différent du calepin d'accompagnement que nous vous recommandions d'avoir lors de l'introduction. Nous vous suggérons de profiter de son format afin de justement être en mesure de le traîner avec vous, au gré de vos activités formelles du quotidien, tout autant que de vos périodes de loisir. Car pour que cette activité ait une réelle valeur thérapeutique, il faut que vous soyez apte à la pratiquer n'importe quand, c'est-à-dire dès que quelque chose monte en vous, qui nécessite de s'extérioriser.*

2. *L'utilisation d'un calepin signifie donc que vous devrez écrire à la main 'manu scripto' ce que vous vivez, et non pas utiliser un ordinateur portable ou un traitement de texte pour ce faire. Le message à saisir ici se veut on ne peut plus clair : votre écriture manuelle, avec ses courbes et ses contre-courbes, ses traits appuyés ou difformes dénotant votre degré d'émotivité, expédiée de façon presqu'illisible ou minutieusement articulée de manière stylisée, sera toujours plus authentiquement personnelle et personnalisée qu'une police platement controuvée du type 'Time New Roman' par exemple, derrière laquelle vous vous dissimuleriez à vous-même. Nonobstant les arguments, l'expérience en présence ne serait ainsi vraiment pas sentie avec la même intensité.*

3. *Les Américains utilisent une locution intéressante lorsque vient le temps de qualifier une oeuvre qui n'a pas été l'objet d'un tamponnage édulcorant : ils la présentent comme étant 'uncut, uncensored and unrated', c'est-à-dire que ce qui est en présence sera sans aucune coupure, aucune censure, aucune tentative de catégorisation. L'expression donc la plus pure, parfois même la plus dure, qu'il soit possible d'obtenir de l'auteur ! Vous aurez ainsi compris que vous ne devez rien retenir, rien contenir, dans ce que vous mettrez sur papier, pas plus que vous n'avez à soigner votre style littéraire, ou à corriger votre orthographe ! Qui plus est, voyez à écrire à l'encre, et jamais à la mine, pour justement rendre plus laborieuse toute tentation d'effacer après coup et de vouloir reformuler, dans le but de tempérer votre propos. Rappelez-vous à nouveau qu'afin d'être optimale, cette technique doit se faire obligatoirement de la sorte.*

4. *Pour lancer vos confidences scriptuaires, vous êtes entièrement libre de commencer par l'écriture de ce que vous vivez actuellement au quotidien, ou de débuter par un retour sur du vécu passé, pouvant à la rigueur remonter à votre enfance. Il n'y a pas de règle en ce sens, l'idée maîtresse étant d'exprimer ce qui monte en vous, ce que vous sentez que vous avez besoin d'extérioriser.*

Important : *Peu importe le biais que vous choisirez à ce niveau, prenez toujours bien soin cependant de* **dater** *clairement chaque moment d'écriture dans votre journal, afin de faciliter ultérieurement le juste repositionnement de certains faits, les recoupements qui s'imposent ou encore la gradation des émotions ressenties.*

5. *Ceci ayant été précisé, laissez-vous aller à écrire comme cela viendra, comme cela vous le dira. En règle initiale, efforcez-vous d'inscrire quelque chose à chaque jour dans votre carnet, même s'il ne s'agit que de quelques phrases, ou d'un court paragraphe. Au début, le développement de cette habitude s'avère crucial.*

   Dans le même temps, gardez-vous de revenir quotidiennement sur ce que vous aurez écrit la veille, ou les jours précédents ; ce qui a été vécu et consigné les jours précédents devrait demeurer intact jusqu'au moment propice. Et ce dit moment est au point suivant !

6. *Maintenant, afin de doter cet exercice d'une profondeur plus psychothérapeutique, il faudra vous ménager une période de relecture en bonne et due forme une fois par mois, ou une fois aux deux semaines, selon le besoin que vous éprouverez. Vous comprendrez que c'est à cet instant, et uniquement à cet instant, que vous devriez vous donner le droit de justement relire tout ce que vous aurez inscrit, et de le commenter même en fonction du vécu que vous aurez eu depuis, de manière à compléter par ce judicieux recul votre compréhension du sens de votre vie en présence. Retenez qu'au cours de cette phase, il vous faut employer un crayon d'une couleur d'encre différente de celle que vous utilisez normalement, pour ajouter vos commentaires subséquents en marge de vos propos antérieurs, même si dans les faits, la période de relecture fait l'objet d'une session en elle-même, dûment inscrite et datée dans votre journal, mais toujours dans une couleur d'encre différenciée.*

   Ces moments constituent des mini-bilans, vous permettant peu-à-peu de donner à votre journal une tangente nettement plus auto-analytique.

7. *Après un laps de temps plus long, du genre six à huit mois, au cours duquel vous aurez méthodiquement*

continué d'écrire, et de vous relire mensuellement tel que recommandé, l'instant sera alors tout indiqué pour vous plonger davantage dans la perspective d'une auto-analyse digne de ce nom. À ce moment, procédez un peu à la manière de vos revues mensuelles, **mais** en vous concentrant essentiellement sur les mini-bilans que vous en aurez dégagés depuis le début, dans le but de mieux aboutir à ce dit bilan plus complet. Relisez donc tous vos retours mensuels, portez spontanément attention à ce qui monte en vous en termes de senti, puis approfondissez le tout en répondant aux questions subséquentes de façon détaillée, c'est-à-dire pas seulement par un 'oui' ou par un 'non' :

- Comment ai-je changé, évolué, depuis que je tiens ce journal ? Me suis-je amélioré de quelque façon que ce soit, ou ai-je plutôt l'impression que ce que je suis, que ce que je vis est sensiblement comme auparavant ?
- Ai-je identifié, en révisant ce que j'ai écrit, des attitudes ou des habitudes particulières de ma part ? Avec le recul, est-ce que je me perçois en tant qu'une personne dans la normalité la plus courante, ou plutôt en proie à quelque chose que j'ignorais jusqu'à présent ?
- Au-delà de ce dont j'ai conscience, serais-je dominé par un pattern dans mes perceptions et mes comportements ? Est-ce que j'attire constamment un type de personne au tempérament similaire, aux problèmes personnels identiques, d'une nouvelle relation à une autre ?
- Puis-je clairement mettre le doigt sur ce qui me rend trop souvent insatisfait ou malheureux, et sur ce que je pourrais possiblement changer afin d'améliorer mon existence ?

Il va sans dire que cette partie plus analytique n'est pas toujours aisée à appliquer concrètement au matériel colligé dans le journal, puisque nous ne sommes pas toujours les meilleurs juges de ce que nous pouvons vivre intimement. Toutefois, permettez-vous tout de même le présent regard rétrospectif, car à défaut d'en saisir toute l'essence ou toutes les subtilité en filigrane, vous pourrez toujours trouver dans la kyrielle d'outils proposés dans ce livre des éléments de solution ou d'apaisement qui risqueront de s'avérer -*de par le regard que vous vous serez permis ici*- encore plus adaptés à vos besoins intrinsèques. Les pages de **Référencement suggéré** de la fin, tout autant que la **Table des Matières thématique** du début peuvent grandement vous inspirer dans cette veine.

DRESSER LE BILAN D'UNE RELATION

Dégager les bons et les mauvais côtés d'une relation afin d'y voir plus clair

S'il est une démarche qui gagnerait à être entreprise avant de prendre intempestivement une décision, avant de tenir trop émotivement de cinglants propos de désaveu, c'est bien celle que ce bilan propose. Particulièrement lorsque qu'une interaction humaine dégénère au point d'avoisiner dangereusement un bris relationnel. Car une fois cassée, même en tentant de recoller minutieusement après coup les morceaux de ladite relation, les anfractuosités visibles risquent de toujours se laisser entrevoir et ramenées 'ad nauseam' dans le vif des échanges, fragilisant ainsi dangereusement le lien recréé. Et que ce soit face à un ami de longue date avec qui les atomes ne sont plus aussi crochus qu'ils ne l'étaient, à un membre de la parenté qui se fait exagérément moralisateur ou déplacé, à un amoureux ou une amoureuse dont la conduite nécessite une réaction de votre part, il devrait toujours être de mise de bien jauger tout ce qui est en présence avant de se compromettre dans une prise de position trop engagée, de laquelle on ne peut pas aisément se retirer une fois affirmée.

Il importera donc de prendre connaissance ici de ce que la relation en question vous aura concrètement fait bénéficier jusqu'à ce jour, dans le même temps que de ce qu'elle a pu vous faire aussi 'maléficier', et ce dans un esprit d'équité. Car il ne faut pas se leurrer sur ce qui nous amène justement à la présente finalité : l'impression d'avoir été outrancièrement grevé, abusé, dominé par l'autre, ce qui s'avère négativement influençant dès le départ, donc injustement prédisposant à une conclusion qui ne sera assurément pas représentative de toute la réalité en présence. C'est pourquoi afin de faire plus adéquatement la part des choses quant à tout ce qui pourrait être en filigrane ici, nous vous recommandons de suivre le plan d'action suivant :

1. *Ménagez-vous un temps de réflexion de quinze à vingt minutes, une fois aux deux jours, sur une période d'une à deux semaines, selon l'intensité et la valeur profonde de la relation que vous jaugez. Naturellement, assurez-vous de disposer de quiétude au cours de ces moments.*

2. *Considérez ensuite les questions qui suivent, préférablement dans un état d'esprit ouvert, mais sans rien forcer en ce sens. Après tout, vous avez parfaitement le droit de vous sentir émotionnel, et cela doit légitimement pouvoir s'exprimer :*

    A. *Qui étais-je avant cette relation?*
    B. *Qu'est-ce que j'aimais auparavant ? Quels étaient mes objectifs de vie, mes rêves alors ?*
    C. *Qu'est-ce que j'ai appris jusqu'à présent au cours de cette relation où j'ai fréquenté (j'ai vécu avec) cette personne ?*
    D. *Qu'est-ce que j'ai changé à cause d'elle/de lui et que j'aimerais maintenant retrouver ?*
    E. *Qu'est-ce que j'ai changé en raison de cette relation, et que je tiens assurément à conserver ?*

    S'il vous est plus aisé, plus avantageux selon vous, de mettre par écrit des réponses plus étoffées à ces questions, vous pouvez bien entendu procéder de la sorte. Néanmoins, cela ne vous dispense pas de faire ce qui suit pour autant.

3. *Une fois ce mûrissement dûment accompli au cours de cet instant, terminez en vous donnant une cote, positive ou négative, pour chacune d'entre elles. Par exemple, si à la question 'A', vous sentez que vous n'étiez guère bien dans votre peau, et que cette*

relation vous a positivement servi en ce sens, octroyez-vous donc un plus '+' ici, puisque la résultante s'est révélée heureuse pour vous. Si, à la question 'C', vous constatez que vous n'avez guère appris en compagnie de cette personne, inscrivez-vous un moins '-' alors. Advenant que vous n'ayez point d'opinion, que votre senti ne soit pas clair sur une question, n'écrivez rien.

4. *Une fois toutes les interrogations parcourues, faites le total des plus et des moins, et consignez le résultat dans votre cahier, tout en y indiquant la date où vous aurez fait l'exercice. À ce stade, vous n'avez pas à en faire davantage : concluez là votre moment.*

5. *Tel qu'entendu au point 1, revenez à ces questions deux jours plus tard, en les considérant alors selon ce que vous sentirez à cet instant, réfléchissant / écrivant à nouveau sur les questions du point 2, pour finalement en venir à esquisser une nouvelle cote sur votre senti face à chacune, toujours en adéquation avec votre état d'esprit du jour. Prenez soin ensuite de bien consigner le résultat, ainsi que la date, puis remisez le tout jusqu'à votre prochain moment.*

6. *Une fois que vous vous serez livré à cette méthodologie pendant une semaine ou deux, permettez-vous de dresser alors le bilan final, en totalisant pour chacune des questions la somme des plus et des moins, pour finalement faire de même avec les totaux de chacun de ces moments réflexifs.*

Ce que vous récolterez ultimement quant à tout ce qui se sera avéré positif ou négatif dans votre relation jusqu'à ce jour, ne vaudra pas uniquement par le pointage final en faveur de l'un ou l'autre, mais bien davantage pour l'évolution de votre mûrissement et de votre senti, au cours de chacun des moments employés, sur une certaine période de temps, de manière à mieux mettre en exergue une position beaucoup plus sensible, relativement à ce que vous envisagerez de faire.

Beaucoup plus sensible donc, beaucoup moins impulsive, conséquemment beaucoup plus juste

DEUXIÈME PARTIE

Désamorçage et Lâcher-prise

LE PRINCIPE DE L'EXORCISME
Se libérer de ses peurs et de ses blessures profondes

Tout le monde connaît cette formule rituelle qui consiste traditionnellement à extirper un esprit maléfique des tripes d'une personne, obnubilée par une volonté tordue qui l'empêche d'être pleinement elle-même. Dans cette même veine, une idée récurrente malsaine, l'incessante hantise d'un sentiment de culpabilité ou d'un événement traumatique qui vous revient sans cesse à l'esprit peut s'avérer dérangeant au point de justement vous amener à ne plus être en mesure de fonctionner convenablement au quotidien.

La présente méthode a essentiellement pour objet d'aider la personne souffrante en lui faisant littéralement rejeter hors d'elle les éléments de pensée malsaine qu'elle peut inconsciemment entretenir d'une part, et à en venir à les annihiler symboliquement, de manière à ce qu'ils cessent progressivement d'exercer une emprise néfaste sur sa psyché, d'autre part. Le seul matériel requis afin de réaliser cette approche est quelques feuilles de papier, un bon crayon à mine, un briquet ou des allumettes, et un cendrier un peu plus large que la moyenne.

La durée de temps suggérée afin de la mener à terme efficacement est de vingt et un jours, mais il demeure possible de légèrement abréger ce protocole de quelques journées au besoin. **Le** moment pour la pratiquer est en fin de soirée, environ une demi-heure avant de se mettre au lit.
Il convient au départ de se laisser aller au problème qui vous préoccupe, de le laisser remonter en vous, même si cela ramène des sentiments ou des réminiscences désagréables. Permettez à vos émotions de se faire pleinement jour en ce sens. Asseyez-vous ensuite confortablement à une table, cendrier, briquet/allumettes, papier et crayon à portée de la main. Voici la procédure à observer :

1. *Tout en continuant de vous abandonner à ce qui vous meurtrit, au problème qui vous tracasse, efforcez-vous de le projeter sur la feuille de papier, en le traduisant en mots, en graffitis ou en dessin, comme cela vous vient. Ne vous attardez pas à esquisser un texte linéaire, une œuvre d'art graphique ; permettez davantage à votre spontanéité de vous guider, plutôt que de réfléchir trop rationnellement à ce qui vous étreint. Passez et repassez même sur ce que vous aurez écrit avec la pointe de votre mine en y mettant autant d'intensité que le problème en question vous aura causé de souffrance. Vous pouvez aussi souligner énergiquement les phrases/mots écrits, mettre en évidence les dessins esquissés. Par exemple : J'en ai assez des* **abus de mon passé, de la violence de mon enfance** *[Notez que cette phrase débute par une formule impérative ('J'en ai assez') et que la difficulté mentionnée est lourdement appuyée ('***abus de mon passé, de la violence de mon enfance***')]. Gardez à l'esprit qu'il faut ici vous investir émotionnellement à chaque instant, avec la même intensité que ce mal vous aura fait vivre.*

   N'ayez donc pas peur de raturer, de biffer, de rayer [voire même de littéralement passer au travers de la feuille se faisant] ce que vous aurez couché sur papier.

2. *Une fois que vous sentirez avoir épuisé l'essentiel [cela peut prendre un quart d'heure, une vingtaine de minutes ; n'oubliez pas que vous avez d'autres soirées en réserve pour faire exhaustivement le tour du sujet], lisez ce que vous aurez écrit à voix basse, en prenant soin de véritablement prononcer les mots utilisés tels qu'ils sont écrits. Dans le cas d'un dessin ou de*

graffitis, prenez le temps de bien les examiner, tout en vous rappelant ce que vous y aurez émotivement associé. Réalisez que vous avez rejeté une grande partie du problème sur la feuille de papier.

3. *Permettez-vous subséquemment de déchirer littéralement en milles morceaux ce que vous aurez esquissé, au point même de réduire le tout le plus petitement possible, en minuscules morceaux de papier. Laissez-vous même aller à y projeter là encore votre peine, votre colère, tout ce que vous aurez refoulé en ce sens.*

4. *Déposez ensuite le tout dans le cendrier et mettez-y le feu à l'aide du briquet ou des allumettes. Bien entendu, vous vous serez assuré que le cendrier est plus large que la somme des bouts de papier déposés, histoire d'éviter tout risque d'incendie. Assurez-vous que tout brûle, qu'il n'y ait aucun brindille de papier qui demeure intouché [au besoin, grattez une nouvelle allumette et complétez le travail]. Pendant que les flammes consument le tout, respirer profondément, de la manière suivante : inspirez par le nez, en sentant que vous amenez en vous un oxygène neuf, épuré, qui vous ressource en profondeur, conservez-le quelques secondes, dans le but de lui permettre de vous revigorer, puis faites-lui de la place en sentant que vous expirer à présent hors de votre être tout ce que vous aurez inscrit sur les feuillets qui brûlent (stress, rancoeur, frustration..). Inspirez, puis expirez encore quelques fois de cette manière, en regardant les flammes consumer la somme de ce qui vous empêche d'être bien.*

5. *Une fois le tout bien éteint, vous vous retrouverez conséquemment devant une pile de cendres. Saisissez-vous alors du cendrier, en vous*

> *dirigeant vers votre salle de bain. Jetez tout son*
> *contenu dans le bol, et activez la chasse d'eau.*
> *Regardez bien le jet d'eau engloutir les cendres,*
> *puis disparaître dans le drain. Vous pouvez à*
> *présent gagner votre lit.*

Maintenant, pourquoi ce *modus operandi* ? Disons tout d'abord qu'en optant pour la soirée, ou -*si vous travaillez de nuit*- pour le moment où vous vous apprêtez à vous mettre au lit, vous donnez ainsi dans le domaine du subconscient, soit de cette extraordinaire dynamo psychique qui active tout ce qui s'y ancre, tout en étant de moins en moins en butte au rationalisme outrancier du conscient [*qui à cet instant louche peu-à-peu vers l'endormissement*]. En vous faisant donc plonger émotionnellement dans ce qui vous étreint de manière malsaine, et en vous le faisant rejeter [*sur papier*], puis détruire [*brûler*], vous conditionnez de la sorte subtilement votre subconscient à enregistrer ces modifications lorsque vous vous endormirez, c'est-à-dire dès qu'il aura le plein contrôle sur votre activité psychique, sans que vous ayez pour autant à vous remémorez tout cela, et ce à chaque nuit qui suivra l'exécution de cette technique.

C'est pourquoi nous suggérons idéalement de répéter cette procédure vingt et une soirées consécutives, afin d'opérer un désamorçage intégral. La persévérance et l'assiduité doivent assurément être de mise, puisqu'en agissant de cette manière, vous remodelez peu à peu vos patterns subconscients en vous reconditionnant patiemment à lâcher prise sur tout ce qui vous préoccupe, et qui est justement à la base de vos dits patterns.

Notez bien que s'il vous arrive de passer une soirée ou deux sans faire l'exercice, cela peut s'accepter. Toutefois, la clé de voûte de ce travail résidant essentiellement dans l'assiduité méthodique de son application, veillez à ne pas trop espacer votre pratique en ce sens, sinon il serait avisé de tout reprendre depuis le début.

LE TABLEAU DE MES CHIMÈRES PERSONNELLES

Établir graphiquement leur réalité pour mieux en disposer

Dans la concomitance même de l'esprit de la petite école d'antan, alors que tout apprentissage s'y avérait si simple, et en même temps si empreint de bon sens commun, vous aurez ici besoin d'un petit tableau, mais d'une certaine superficie, idéalement d'un minimum de 36' par 24', vert ou blanc selon que vous préférez manipuler de la craie ou des marqueurs effaçables. Vous devrez le tenir raisonnablement à votre portée, puisque qu'il vous sera nécessaire d'en faire usage sur une base quotidienne, et ce pour environ deux ou trois semaines, selon le besoin ressenti.

À mi-chemin entre le 'Principe de l'Exorcisme' et celui dit de 'Visualisation zéro', nous allons par la présente aspirer à un désamorçage systématique de tout ce qui peut vous astreindre psychiquement, en agissant concrètement et subliminalement en une action concertée. Voici le plan d'action suggéré :

1. *Idéalement en fin de journée, recueillez-vous dans un endroit tranquille en vous positionnant face à votre tableau, qui sera à cet instant parfaitement vierge. Respirez profondément, de manière à vous rendre plus serein, et à bien vous prédisposer à ce qui va suivre.*
2. *Fixez à présent le centre de votre tableau vide de tout gribouillis, puis prenez conscience de l'affirmation qui suit, tout en l'énonçant verbalement à trois reprises :* J'étais comme ce tableau lors de ma naissance, c'est-à-dire pur et sans conditionnement forcé, libre de tout pattern malsain, exempt de toute mauvaise expérience de vie.
3. *Revenez ensuite au tableau, en vous munissant d'un marqueur ou d'une craie. Prenez une minute ou deux afin de bien focaliser mentalement les souvenirs,*

pensées, ou personnes qui exercent sur vous une ascendance émotionnellement grevante, puis commencez à écrire ce qui monte dans votre esprit en ce sens. Mais attention : à la manière du Principe de l'Exorcisme, *vous n'avez aucunement à aligner ici un texte cohérent et littéraire. Loin de là ! Laissez simplement s'exprimer sur le tableau votre senti le plus littéral, sans aucune censure, ni filtration, que ce soit par le biais de mots, de bribes de phrase, de graffitis, ou de dessins. Encore une fois, ne vous restreignez point dans votre expression, même si celle-ci peut sembler violente ou choquante; l'important, c'est de vous donner le droit de formuler les choses telles que vous les ressentez viscéralement.*

4. *Une fois que vous aurez rempli le tableau –ce qui peut se faire en dix, vingt ou trente minutes-, déposez votre craie / marqueur, et relisez, révisez, tout ce qui y figure. Si cette relecture fait naître ou renaître des émotions en vous, permettez-vous de les vivre, de les laisser là aussi pleinement s'exprimer, sans restriction aucune.*

   Cette phase est capitale dans le développement d'une sensation d'assomption, de juste apprivoisement des émotions en filigrane du vécu en présence. Donnez-vous donc à plein ici.

   Cela fait et bien ressenti, dites-vous ce qui suit : Ce qui me dénature ici n'est en fait qu'à la surface de ce que je suis, sur la surface de ce tableau, et ceci n'atteint en rien, et d'aucune façon que ce soit, l'intégrité de ce que je suis dans la profondeur de mon être, dans la pureté de ma valeur personnelle. *Répétez trois fois.*

5. *Saisissez-vous ensuite d'une brosse à effacer et procédez bien entendu minutieusement en ce sens, c'est-à-dire en vous appliquant à faire complètement disparaître tout ce qui figurait sur votre tableau. Vous n'avez pas pour autant à vous faire agressif : sentez*

tout au plus que vous extirpez littéralement ces scories de votre aire de considération, qui redevient ainsi peu à peu épurée de leur influence.

Prenez un moment dans le but de bien la contempler dans sa pureté retrouvée. Dites-vous ensuite : Ce que je cesse d'alimenter, cesse de me tourmenter. Ce que je choisis d'effacer de mon existence, je n'en admets plus aucune incidence. Je n'en accepte plus aucune interférence.

6. *Munissez-vous ultimement d'un chiffon humide ou encore imprégné d'un nettoyant adéquat, puis repassez méticuleusement sur toute la surface, de manière à rendre à cette dernière l'aspect le plus immaculé possible.*

À nouveau, contemplez-la dans sa pureté retrouvée, puis concluez par l'autosuggestion suivante : Ce que je cesse d'alimenter, cesse de me tourmenter. Ce que je choisis de me redonner, c'est une existence sans aucun pattern contrôlant, sans aucune influence controuvée, sans aucun conditionnement forcé.

7. *Terminez l'exercice par une respiration intégrale, c'est-à-dire en inspirant par le nez, tout en sentant que l'oxygène ainsi emmagasiné se révèle apaisant, relaxant, puis en expirant par la bouche, en éprouvant la sensation que l'air rejeté de la sorte vous libère du même coup de toutes vos tensions, de tout ce que vous aviez émotionnellement inscrit sur le tableau.*

LÂCHER-PRISE SUR LE SENTIMENT DE CULPABILITÉ

Se libérer de pensées accablantes récurrentes

De n'avoir pu être présent au chevet d'un être cher qui se mourait..

De n'avoir pas su trouver les mots pour réconforter un proche en souffrance, poser les gestes qui auraient pu faire une différence dans le malheur vécu par autrui..

D'avoir personnellement fauté, et provoqué ce faisant des conséquences regrettables pour quelqu'un d'autre..

Êtes-vous *parfaitement* bien avec vous-même ?

'Personne ne sera jamais suffisamment riche pour racheter son passé' disait Oscar Wilde, et de devoir en ce sens parfois composer avec un vécu émotionnellement lourd, des souvenirs empreints d'une charge riche en émois confus, peut s'avérer si drainant qu'il en devient presqu'impossible d'être simplement bien dans son quotidien. La technique qui suit visera donc à induire un lâcher-prise systématique dans cette finalité, un authentique laisser-aller, en tablant sur une pratique concertée de respiration intégrale, de reconditionnement psychique et de relâchement musculaire :

1. *Commencez justement par prendre une bonne respiration intégrale : inspirez d'abord par le nez, en sentant que cet oxygène vous calme, vous tempère dans ce que vous vivez. Puis expirez par la bouche, en sentant que vous expulsez du même souffle tout ce qui pouvait justement être à l'origine de votre mal-être. Répétez le tout une fois encore ;*

2. *Rationalisez ce que vous vous reprochez en vous disant : Oui, j'ai honte de ce que j'ai pu faire (..ou penser), sincèrement honte de cela. Je commence donc par me pardonner mon tort, par me pardonner d'avoir peut-être été imparfait, d'avoir possiblement été trop humain dans mon manquement (Inspiration-Expiration).. Oui, je suis conscient d'avoir mal agi (..mal pensé), et j'accepte cette faute tout en tournant la page sur elle, tout en acceptant*

d'aller maintenant de l'avant dans ma vie. Puisque toute expérience est malgré les apparences résolument constructive, j'apprends de cela, et consent à essayer de ne plus mal percevoir et ressentir en ce sens ;

[Méditer le fait que vous avez possiblement réagi à quelque chose qui vous a déçu, ou qui était en deçà de vos attentes légitimes. Ne prenez donc pas pour vous seul le blâme de ce qui est arrivé ; convenez que quelqu'un, que quelque chose d'extérieur a pu manquer à sa façon, et que vous n'avez possiblement fait que réagir malhabilement]

Je demande ensuite pardon à la personne que j'ai pu léser ce faisant, (Nom complet de celle-ci) et m'engage à tenter réparation pour me réhabiliter (Inspiration-Expiration). Oui, je regrette sincèrement ce geste (..cette parole). <u>Je suis un être humain en constant cheminement : j'ai parfaitement le droit d'être imparfait et de m'accepter ainsi, sans me 'taper' dessus</u> (Répéter ce dernier segment trois fois, puis inspirez-expirez à nouveau).

3. *Serrez à présent les poings et considérez ce qui suit :*

   En ce (Date d'aujourd'hui), moi (Votre nom) je lâche résolument prise sur... (Énoncé de votre tort). Comme rien n'arrive jamais JAMAIS pour rien dans la vie, je me rends à l'évidence que je dois laisser aller le cours des choses (Ouvrez vos mains crispés, en relâchant vos doigts simultanément) bien au-delà de ma compréhension.. Oui, je lâche définitivement prise sur (Répétition de l'énoncé), en me sentant soulagé de cela, en me sentant nettement nettement libéré de ma culpabilité, nettement nettement mieux avec moi-même.. (Inspiration-Expiration en vous fermant les yeux);

4. *Après une brève pause, rouvrez les paupières et concluez de la manière suivante :*

   J'ai plus foi que jamais dans le sens que prend ma vie.. J'ai de plus en plus confiance en les gens qui m'aiment et me supportent dans ma démarche (Donnez leurs noms), en sachant qu'ils ne sont pas sur ma route par hasard.. J'ai authentiquement foi en la volonté de Dieu (..l'Univers,

Bouddha, selon vos croyances..) de me faire ainsi justement grandir selon mes capacités, et jamais JAMAIS au-delà de celles-ci, au-delà de mes forces.

Je me sens mieux, je me sens vraiment, véritablement de mieux en mieux (Inspiration-Expiration).

Afin de maximiser la présente démarche, nous suggérons de la pratiquer sur une base quotidienne, à raison de deux fois par jour, idéalement le matin avant de se lever du lit, puis en soirée, tout juste avant de vous endormir, et ce durant un terme de 14 à 21 jours, suivant votre senti. Et la régularité se révélant primordiale dans tout travail à consonance psychique, veuillez vous appliquez à ne pas passer plus d'un jour sans vous exécuter.

PROTOCOLE D'ASSAINISSEMENT ET DE RECONDITIONNEMENT PSYCHIQUE

Exciser la souche même du mal-être et tonifier son esprit pour le futur

À la manière d'un magnétoscope qui efface l'enregistrement figurant sur une cassette vidéo ou un DVD réinscriptible, le subconscient peut progressivement épurer tout le matériel émotif malsain qui est rattaché à notre vécu et au conditionnement dont nous sommes imprégnés jusqu'à présent, et lui substituer une ligne directrice nettement plus positive et constructive.

La présente procédure est simple à suivre, mais se doit toutefois d'être appliquée assidûment, jour après jour, en évitant le plus possible de passer un jour ou une période. Pour chaque journée décrite, nous vous suggérons de dire les affirmations propres à chacune trois fois consécutivement, à raison de trois fois par jour : la première, à votre réveil au petit matin, avant même de quitter le lit ; la seconde, sur votre heure de dîner, à un moment où vous pouvez bien sûr être seul pour quelques minutes ; et la troisième, en fin de soirée, tout juste avant de vous endormir. Notez bien que le premier et le troisième moment s'avèrent particulièrement importants, puisqu'ils se situent à des instants du jour où le subconscient est plus spécifiquement perméable aux inductions.

> **1er jour**
> *En ce.. (date d'aujourd'hui), je demande à mon subconscient de commencer l'assainissement de mon être, en effaçant en moi, tel le soleil faisant fondre la neige, tous les patterns et conditionnements malsains dont j'ai pu m'imprégner au fil du temps, et qui nuisent à mon épanouissement autant qu'à mon bonheur actuels.*
> *Je le veux, je l'exige, que cette directive tienne lieu de raison.*

2ème *jour*

En ce.. (date d'aujourd'hui), je demande à mon subconscient de continuer l'assainissement de mon être, en effaçant en moi, tel le soleil faisant fondre la neige, tous les patterns et conditionnements malsains dont j'ai pu m'imprégner depuis l'âge de 21 ans jusqu'à ce jour, et qui nuisent à mon épanouissement autant qu'à mon bonheur actuels.

Je le veux, je l'exige, que cette directive tienne lieu de raison.

3ème *jour*

En ce.. (date d'aujourd'hui), je demande à mon subconscient de continuer l'assainissement de mon être, en effaçant en moi, tel le soleil faisant fondre la neige, tous les patterns et conditionnements malsains dont j'ai pu m'imprégner entre 14 et 21 ans, et qui nuisent à mon épanouissement autant qu'à mon bonheur actuels.

Je le veux, je l'exige, que cette directive tienne lieu de raison.

4ème *jour*

En ce.. (date d'aujourd'hui), je demande à mon subconscient de continuer l'assainissement de mon être, en effaçant en moi, tel le soleil faisant fondre la neige, tous les patterns et conditionnements malsains dont j'ai pu m'imprégner entre 7 et 14 ans, et qui nuisent à mon épanouissement autant qu'à mon bonheur actuels.

Je le veux, je l'exige, que cette directive tienne lieu de raison.

5ème *jour*

En ce.. (date d'aujourd'hui), je demande à mon subconscient de continuer l'assainissement de mon être, en effaçant en moi, tel le soleil faisant fondre la neige, tous les patterns et conditionnements malsains dont j'ai pu m'imprégner entre 1 an et 7 ans, et qui nuisent à mon épanouissement autant qu'à mon bonheur actuels.

Je le veux, je l'exige, que cette directive tienne lieu de raison.

6ème *jour*

En ce.. (date d'aujourd'hui), je demande à mon subconscient de continuer l'assainissement de mon être, en effaçant en moi, tel le soleil faisant fondre la neige, tous les patterns et conditionnements malsains dont j'ai pu être imprégné au moment de ma naissance, et qui nuisent à mon épanouissement autant qu'à mon bonheur actuels.

Je le veux, je l'exige, que cette directive tienne lieu de raison.

7ème *jour*

En ce.. (date d'aujourd'hui), je demande à mon subconscient de continuer l'assainissement de mon être, en effaçant en moi, tel le soleil faisant fondre la neige, tous les patterns et conditionnements malsains dont j'ai pu être imprégné dans le sein de ma mère, durant son 9ème mois de grossesse, et qui nuisent à mon épanouissement autant qu'à mon bonheur actuels.

Je le veux, je l'exige, que cette directive tienne lieu de raison.

8ème *jour*

En ce.. (date d'aujourd'hui), je demande à mon subconscient de continuer l'assainissement de mon être, en effaçant en moi, tel le soleil faisant fondre la neige, tous les patterns et conditionnements malsains dont j'ai pu être imprégné dans le sein de ma mère, durant son 8ème mois de grossesse, et qui nuisent à mon épanouissement autant qu'à mon bonheur actuels.

Je le veux, je l'exige, que cette directive tienne lieu de raison.

9ème *jour*

En ce.. (date d'aujourd'hui), je demande à mon subconscient de continuer l'assainissement de mon être, en effaçant en moi, tel le soleil faisant fondre la neige, tous les patterns et conditionnements malsains dont j'ai pu être imprégné dans le sein de ma mère, durant son 7ème mois de grossesse, et qui nuisent à mon épanouissement autant qu'à mon bonheur actuels.

Je le veux, je l'exige, que cette directive tienne lieu de raison.

10ème *jour*

En ce.. (date d'aujourd'hui), je demande à mon subconscient de continuer l'assainissement de mon être, en effaçant en moi, tel le soleil faisant fondre la neige, tous les patterns et conditionnements malsains dont j'ai pu être imprégné dans le sein de ma mère, durant son 6ème mois de grossesse, et qui nuisent à mon épanouissement autant qu'à mon bonheur actuels.
Je le veux, je l'exige, que cette directive tienne lieu de raison.

11ème *jour*

En ce.. (date d'aujourd'hui), je demande à mon subconscient de continuer l'assainissement de mon être, en effaçant en moi, tel le soleil faisant fondre la neige, tous les patterns et conditionnements malsains dont j'ai pu être imprégné dans le sein de ma mère, durant son 5ème mois de grossesse, et qui nuisent à mon épanouissement autant qu'à mon bonheur actuels.
Je le veux, je l'exige, que cette directive tienne lieu de raison.

12ème *jour*

En ce.. (date d'aujourd'hui), je demande à mon subconscient de continuer l'assainissement de mon être, en effaçant en moi, tel le soleil faisant fondre la neige, tous les patterns et conditionnements malsains dont j'ai pu être imprégné dans le sein de ma mère, durant son 4ème mois de grossesse, et qui nuisent à mon épanouissement autant qu'à mon bonheur actuels.
Je le veux, je l'exige, que cette directive tienne lieu de raison.

13ème *jour*

En ce.. (date d'aujourd'hui), je demande à mon subconscient de continuer l'assainissement de mon être, en effaçant en moi, tel le soleil faisant fondre la neige, tous les patterns et conditionnements malsains dont j'ai pu être imprégné dans le sein de ma mère, durant son 3ème mois de grossesse, et qui nuisent à mon épanouissement autant qu'à mon bonheur actuels.

Je le veux, je l'exige, que cette directive tienne lieu de raison.

14ème jour

En ce.. (date d'aujourd'hui), je demande à mon subconscient de continuer l'assainissement de mon être, en effaçant en moi, tel le soleil faisant fondre la neige, tous les patterns et conditionnements malsains dont j'ai pu être imprégné dans le sein de ma mère, durant son 2ème mois de grossesse, et qui nuisent à mon épanouissement autant qu'à mon bonheur actuels.

Je le veux, je l'exige, que cette directive tienne lieu de raison.

15ème jour

En ce.. (date d'aujourd'hui), je demande à mon subconscient de continuer l'assainissement de mon être, en effaçant en moi, tel le soleil faisant fondre la neige, tous les patterns et conditionnements malsains dont j'ai pu être imprégné dans le sein de ma mère, durant son 1er mois de grossesse, et qui nuisent à mon épanouissement autant qu'à mon bonheur actuels.

Je le veux, je l'exige, que cette directive tienne lieu de raison.

16ème jour

En ce.. (date d'aujourd'hui), je remercie mon subconscient d'avoir assaini tout mon être, des pieds à la tête, jusque dans les profondeurs les plus lointaines de mon esprit, en ayant effacé en moi, tel le soleil faisant fondre la neige, tous les patterns et conditionnements malsains dont je pouvais être imprégnés, et qui nuisaient à mon épanouissement autant qu'à mon bonheur actuels.

Je demande maintenant à mon subconscient de se préparer à accepter la revitalisation psychique qui va suivre dans les prochains jours, et de l'attiser pleinement en moi, de manière à favoriser mon épanouissement autant que mon bonheur, et ce dans tous les domaines de ma vie.

Je le veux, je l'exige, que cette directive tienne lieu de raison.

17ème jour

En ce.. (date d'aujourd'hui), je demande à mon subconscient de s'ouvrir à une façon de vivre qui soit dorénavant plus positive, aimante et équilibrée, en harmonie avec la nature profonde de ce que nous sommes.

Je le veux, je l'exige, que cette directive tienne lieu de raison.

18ème jour

En ce.. (date d'aujourd'hui), je demande à mon subconscient de m'amener à me pardonner tous mes manquements, toutes mes faiblesses, et à aussi pardonner aux autres tout ce que j'ai pu ressentir de blessant de leur part, toujours en harmonie avec la nature profonde de ce que nous sommes.

Je le veux, je l'exige, que cette directive tienne lieu de raison.

19ème jour

En ce.. (date d'aujourd'hui), je demande à mon subconscient de m'amener à m'accepter tel que je suis, à accepter mes limites, tout en améliorant en moi ce que je suis en mesure de changer, et cela toujours en harmonie avec la nature profonde de ce que nous sommes.

Je le veux, je l'exige, que cette directive tienne lieu de raison.

20ème jour

En ce.. (date d'aujourd'hui), je demande à mon subconscient de favoriser en moi la compréhension profonde de ma raison d'être ici-bas, de même que l'application respectueuse de ce qui est dans ma mission de vie d'accomplir, et ce toujours en harmonie avec la nature profonde de ce que je suis.

Je le veux, je l'exige, que cette directive tienne lieu de raison.

21ème jour

En ce.. (date d'aujourd'hui), je demande à mon subconscient de favoriser en moi une ouverture inconditionnelle envers mes proches et mes semblables, un sens plus altruiste et spontané d'aide envers les autres, plutôt que d'exiger d'eux de faire des choses pour moi, et cela toujours en harmonie avec la nature profonde de ce que nous sommes.

Je le veux, je l'exige, que cette directive tienne lieu de raison.

LE PRINCIPE DE VISUALISATION ZÉRO

Enlever du poids à des pensées malsaines et obsédantes

Vous rappelez-vous de vos cours d'arithmétique à la petite école ? Au travers de tous les rudiments basiques de cette matière, l'une des premières évidences que l'on nous enseignait alors, c'était que le chiffre zéro était un élément absorbant, c'est-à-dire qu'il neutralisait littéralement tout chiffre multiplié par lui. Comme nous ne comprenions pas vraiment ce principe subtil pour l'époque, l'enseignante nous donnait l'exemple concret d'une multiplication : cinq multiplié par deux égale dix. Cela est juste. Mais cinq multiplié par zéro donnait et donne toujours zéro. À vrai dire, tous les chiffres multipliés par zéro donnent invariablement zéro. C'est en ce sens que l'on a prétendu qu'il était un élément absorbant : peu importe le chiffre ou les nombres en présence, dès que l'on multiplie par zéro, ils sont complètement <u>absorbés</u> par zéro, se fondent en lui, perdant leurs caractéristiques, leur poids, pour mieux devenir zéro.

Cette propriété du zéro peut ainsi s'extensionner au point de devenir une technique simple pouvant vous aider à amoindrir l'impact d'une idée obsessionnelle ou d'un souvenir malsain qui revient sans cesse à votre esprit, en mettant justement à profit cette propriété dite absorbante de la multiplication par zéro. Voici le protocole :

1. *Isolez-vous quelques minutes de votre entourage. Fermez la porte de la pièce ou de votre chambre, puis fermez les yeux. Prenez une bonne respiration, retenez-la quelques secondes et expulsez-là avec calme.*
2. *À voix basse ou à mi-voix, commencez par multipliez par zéro de cinq à un : 'cinq fois zéro égale zéro , quatre fois zéro égale zéro, trois fois zéro égale zéro, deux fois zéro égale zéro, une fois zéro égale zéro.'*

*Répétez ensuite trois fois le chiffre 'zéro'
('zéro….zéro…zéro..')*

3. *Faites une pause de quelques secondes pour bien inspirer et expirer à nouveau, puis appliquez-vous à visualiser les idées, occurrences ou concepts récurrents qui vous gênent. Sentez toute la charge émotionnelle en présence, en même temps que vous les recréez mentalement. Ultimement, résumez-les en deux ou trois phrases spécifiques (e.g. 'Cette crainte que j'ai de faire face à mon patron..', 'Cette sensation que j'ai d'être toujours inférieur à mon adjoint..')*

4. *Reprenez subséquemment chacun de ces phrasés de ce qui vous gêne, en ajoutant à sa suite* **'multiplié par zéro égale zéro'**. *Répétez-les intégralement une deuxième fois en parlant plus lentement, puis une troisième, en vous exprimant encore plus lentement, comme si vous preniez le temps d'imposer votre tempo personnel à ces scories, de bien prononcer chaque mot afin d'astucieusement en amoindrir la tension immanente que vous en percevez.*

5. *Répétez par la suite à nouveau trois fois le chiffre 'zéro' ('zéro….zéro…zéro..'). Observez un bref moment de silence.*

6. *Reformulez maintenant les phrases précédentes, toujours en leur ajoutant à la fin la tournure* **'multiplié par zéro égale zéro'**, *et en vous appliquant à présent à les dire en baissant le volume de votre voix de fois en fois, de telle sorte que vous énoncerez la troisième reprise en la chuchotant du bout des lèvres. Important : Utilisez un débit sensiblement ralenti, dans la continuité du point 4.*

7. *Enfin, répétez ensuite une fois de plus trois fois le chiffre 'zéro' ('zéro….zéro…zéro..'), tout en observant un court moment de silence.*

8. *Concluez en redisant les prémisses initiales, mais en sens inverse 'une fois zéro égale zéro , deux fois zéro égale zéro, trois fois zéro égale zéro, quatre fois zéro*

égale zéro, cinq fois zéro égale zéro.' Encore une fois, finissez en répétant trois fois le chiffre 'zéro' ('zéro….zéro…zéro..').

Cette technique gagne à être assidument pratiquée, idéalement sur une base quotidienne en toute fin de journée, pour une période pouvant aller de 7 à 21 jours selon les besoins, de telle sorte qu'elle en vienne à intimer à votre subconscient une directive claire d'épuration psychique sentie, et de plus en plus acquise.

Il serait également envisageable d'y avoir recours sur une base de besoin du moment, par exemple lors d'un instant de crise spontanée. Tel que suggéré au départ, il convient alors de préférablement s'isoler, et de suivre linéairement les étapes en présence.

LA CLAUSE COMPARATIVE

Mettre clairement en perspective les Pour et les Contre d'une décision à prendre

Nous faisons évidemment allusion à cette clause initiée il y a fort longtemps par cet inventeur génial qu'était Benjamin Franklin (1706-1790), celui que nous connaissons principalement pour son paratonnerre. Comme il avait tendance à penser à cent choses en même temps, à conceptualiser tout autant de fantasmagories que de construits pertinents, dont une infime fraction seulement finissait par voir le jour, il se mit donc en quête d'une technique de facilitation dans cette visée hautement créative.

Franklin utilisa simplement une feuille de papier blanche, qu'il convint de séparer en deux, à la verticale. En haut de la page, il choisit d'écrire clairement le motif de son questionnement, et ce en une phrase, puis identifia le côté gauche de la feuille pour y inscrire les 'pour', et l'autre pour les 'contre'. En agissant de la sorte, il pouvait aisément départager les avantages et les désavantages que comportait la mise de l'avant de son projet. Par exemple, le fait de considérer telle action peut me procurer tel bénéfice, tel bienfait; mais de l'autre côté, dans la zone négative, en allant de l'avant en ce sens, je m'expose aussi potentiellement à subir ceci, à écoper possiblement de cela..

Donc, dès le départ, cette façon de procéder permet d'établir nettement la quantité, puis la qualité, d'arguments en faveur ou en défaveur de notre interrogation. Mais il y a plus : même si le premier jet de cet exercice procure souvent une vision apparemment probante de ce que nous aurions intérêt à considérer, nous recommandons plutôt de ne pas trancher péremptoirement sur le champ. Bien au contraire. Une fois que vous aurez dressé la liste des 'pour' et des 'contre' d'une manière que vous sentirez être exhaustive pour le moment, rangez alors cette feuille soigneusement dans un endroit à l'abri des regards, et laissez passer une journée ou deux, histoire de permettre au temps de mieux vous faire mûrir votre position. Après ce délai, ressortez la dite feuille, relisez tranquillement les arguments que vous aviez consignés, puis remodelez le tout selon votre humeur et votre inspiration du moment; peut-être alors choisirez-vous de biffer certains arguments, d'en rajouter possiblement d'autres. Retenez que l'idée ici est de vous permettre de bénéficier d'un recul de quelques jours pour mieux laisser évoluer ledit questionnement en vous.

Une fois cette deuxième étape complétée, c'est-à-dire lorsque vous sentirez qu'il n'y a plus rien d'autre à apporter dans l'immédiat, rangez-la une nouvelle fois en lieu sûr, et laissez à nouveau s'écouler un ou deux jours, de manière à vous permettre un autre recul judicieux.

Et lorsque vous la ressortirez ultimement, cette fois-là sera vraisemblablement la dernière, puisqu'un laps de près d'une semaine aura passé entre le premier jet de l'exercice et celui-ci. Donc, avec ce nouveau recul de quelques journées, vous serez très certainement à même de retoucher vos points positifs et vos points négatifs, en réévaluant le tout dans son entièreté. Et d'ordinaire à ce stade-là, ce que vous aurez sous les yeux constituera assurément le mûrissement le plus pertinent sur le plan décisionnel, vous ayant ainsi permis d'allier votre rationalisme tout logique, à votre intuition la plus viscérale, dans une finalité beaucoup plus juste et sentie des choses, que si vous aviez agi sous le coup de l'émotion spontanée, ou sur une note outrancièrement cartésienne.

TROISIÈME PARTIE

Déconditionnement et Tempérance psychique

LE RDV [RESPIRER-DÉDRAMATISER-VISUALISER]

Apprendre à tempérer une crise de panique en moins de cinq minutes

Librement développé à partir des idées d'un psychologue américain, le docteur Reed Wilson et de notre propre expérience clinique, le présent outil se veut formidablement efficace lorsque les émois anxiogènes atteignent un paroxysme tel, que même les médicaments anxiolytiques ne suffisent plus à garder les émotions sous contrôle. Il s'effectue via trois biais distincts qui ne prennent guère plus qu'une à deux minutes chacun à exécuter. Le seul prérequis d'importance ici consiste à s'isoler momentanément pour ce faire (*dans son bureau, une pièce inoccupée, ou à l'extérieur lorsque la villégiature et la température le permettent*).

Afin de bien saisir l'application et le bon déroulement de cette technique, illustrons-la comme il se doit :

Anecdote clinique :

Un monsieur au début de la quarantaine, de faible gabarit, espère depuis un certain temps trouver le courage de s'asseoir avec son supérieur, un solide gaillard de plus de six pieds, dans le but de lui faire valoir sa candidature en vue d'une promotion à un poste de direction. En arrivant au bureau ce matin-là, animé de fort belles intentions, il croise justement son patron dans le corridor, et ce dernier marche alors d'un pas lourd et empressé, l'air visiblement agacé. Tellement même qu'il passe à côté de notre patient sans le voir ou le considérer. Devant cet état de choses, celui-ci se sent évidemment fort démuni, mal à l'aise, hésitant maintenant à oser lui parler, se disant qu'il vaudrait peut-être mieux d'attendre un moment plus propice.

À partir de là, mettons en application le RDV :

1. Retirez-vous en tout premier lieu dans un endroit clos et quiet, où vous ne risquez pas d'être dérangé pour les cinq prochaines minutes. Si vous êtes dans un état très fébrile d'angoisse, vous pouvez même vous passer un peu d'eau froide dans le visage.

2. **Respirez** ensuite de la manière suivante : inspirez d'abord profondément par le nez, en sentant que l'air ainsi intériorisé a un effet calmant, vivement apaisant sur vous, conservez-le dans votre cage thoracique quelques secondes, puis expirez-le ultimement par la bouche, en vous disant que vous vous libérez de la sorte de votre anxiété, de votre trop-plein émotionnel. En ralentissant votre respiration de cette manière, vous exercez donc un contrôle sur la quantité d'air qui circule dans vos poumons, ce qui ne peut faire autrement que de tempérer du même coup vos fonctions cardio-vasculaires.

   Répétez au besoin à deux ou trois reprises, soit jusqu'à ce que votre pouls soit nettement moins vif.

3. **Dédramatisez** mentalement, en vous fermant du même coup les yeux, le contexte même de toute ce mal-être, en le tournant dans un sens drôle, loufoque, totalement absurde à la limite, en caricaturant au passage les gens en présence, de manière à ce que le tout vous apparaisse nettement moins dramatique.

   Et malgré l'apparente légèreté de mise ici, s'il-vous-plaît ne mésestimez pas l'importance de cette phase, au point de chercher à l'expédier..

Anecdote clinique 2 :

Notre monsieur de tantôt s'est donc isolé dans une pièce vacante de l'entreprise, et a respiré intégralement à quelques reprises. À présent, afin de dédramatiser ce qu'il ressent, il choisit d'imaginer son patron —d'ordinaire toujours bien mis et tiré à quatre épingles— assis sur un bol de toilette, le visage rouge, crispé, manifestement constipé dur (!). De se représenter ainsi une figure d'autorité aussi impressionnante, en proie à un problème tout ce qu'il y a de plus commun, ne peut faire autrement que de faire sourire, voire même

---

rire, puisqu'il rabaisse cette dite figure à un niveau populairement ordinaire de réalité..

4. **Visualiser** maintenant un développement positif à votre situation, en vous laissant simplement aller à envisager une finalité heureuse au tout. Conservez donc vos yeux fermés, en voyant littéralement ce que vous vivez, comme s'il s'agissait d'un film dont vous cristallisez la fin de manière heureuse.

Anecdote clinique 3 :

À ce stade-ci, dans la continuité des anecdotes précédente, ledit monsieur s'imagine marcher d'un pas alerte en direction du bureau de son patron, en se sentant déterminé et confiant. Il se voit frapper à sa porte, entrer avec aplomb, puis lui exposer clairement des arguments en faveur de sa candidature au poste de directeur. Il visualise son supérieur qui l'écoute avec intérêt, acquiesce à ses propos, pour ultimement lui donner raison, et le confirmer dans la promotion en question.

Permettez-nous d'étayer cette dernière étape par le rappel suivant : souvenez-vous de ces exceptionnels athlètes soviétiques aux jeux olympiques de 1976 à Montréal ou de 1980 à Los Angeles, qui accomplissaient des exploits tellement hors de l'ordinaire, qu'on se questionnait sérieusement sur leurs méthodes d'entraînement, soupçonnant bien sûr quelque subtil dopage avant l'heure. Un psychologue américain, le docteur Charles Garfield, l'auteur du best-seller Peak Performances, a alors suivi et étudié les performances de ces athlètes sur une période de plusieurs années, découvrant de la sorte un fait étonnant : ce qui rendait les russes aussi supérieurs et dominants à l'époque n'était point dû aux stéroïdes ou à un surentraînement, mais bien plus à une technique de... visualisation.

En effet, pour justement se conditionner à atteindre les plus hauts sommets, ce que les athlètes de la défunte Union

Soviétique faisaient, c'était de visualiser -*la veille de leur compétition, tout juste avant de s'endormir*- le film de leur compétition du lendemain. Ils se voyaient, dans le cas d'une course par exemple, en train de courir, de souffrir à l'effort, fournissant ultimement tout ce qui leur restait en termes d'énergie et de volonté, pour mieux venir à bout de leurs compétiteurs, et ultimement franchir le fil d'arrivée en vainqueur. Comme vous le verrez dans le cas de notre outil de 'Visualisation Émotionnellement Sentie', ce qui se révèle singulièrement fascinant dans cette façon de faire, c'est le fait que de se représenter une scène donnée de la manière la plus réaliste possible, tout en lui adjoignant un senti émotionnel tangible et conséquent, produit indubitablement un impact d'importance sur le subconscient, qui en confond en quelque sorte la virtualité avec la réalité, ce qui revient à lui intimer une directive claire -*dans le présent exemple*- d'ouverture à la victoire, de prédisposition ferme à l'actualisation imminente d'un triomphe. '*Cela seul, et rien de plus*' comme écrivait Edgar Poe, le reste faisant partie de l'histoire.

PRATIQUE BASIQUE DE MÉDITATION

Apprendre à tempérer sa perception de la réalité

Soyez tout de suite rassuré : nous ne donnerons aucunement ici dans des considérations ésotériques trop éthérées ou déconnectées de la réalité courante. Tel que le libellé de cette technique le suggère, nous nous en tiendrons plutôt ici à une pratique nettement plus élémentaire, à la limite pragmatique des choses, mais toujours dans l'optique d'un soutien autonome, relativement à la tempérance de phobies, d'appréhension ou d'anxiété, ou même d'humeurs erratiques et d'instabilité émotionnelle.

Tout d'abord, il convient de vous choisir un endroit paisible, auquel vous aurez accès aisément, afin de pouvoir méditer. La décoration et le mobilier n'ont guère d'importance ici, en autant que l'atmosphère ambiante vous convient, et que vous êtes en mesure de bénéficier d'une chaise et d'une table.

1. *Commencez par vous asseoir bien droit sur la chaise, face à la table où vous aurez disposé une bougie blanche, à environ un pied de vos yeux, et à peu près au niveau de ceux-ci. Un peu d'encens qui brûle, comme la fragrance* Bois de Santal, *est bienvenu. Cela purifie l'atmosphère psychique des lieux, et aide à vous détendre.*

2. *Assurez-vous de ne pas vous faire déranger pour la prochaine demi-heure. Coupez la sonnerie du téléphone, et mettez même une note sur votre porte à cet effet.*

3. *Maintenez une température agréable dans la pièce, soit entre 18 et 22 C. S'il y a du bruit persistant au loin, vous pouvez mettre une douce musique d'ambiance, ou un enregistrement de sons apaisants, comme de l'eau qui coule ou la nature qui s'éveille.*

À notre sens, le silence demeure toutefois la meilleure toile de fond.

4. Soyez vêtu de manière décontractée. Retirez toute breloque [collier, bracelet, montre..] susceptible de vous distraire. Relâchez votre cravate, ceinture et même les lacets de vos chaussures.

5. Fermez ensuite vos yeux pour quelques secondes, en essayant de vous détendre et de ne penser à rien. Aidez-vous au besoin de bonnes respirations : sentez que chaque **inspiration** d'air nouveau que vous emmenez en vous, vous apaise et vous relaxe davantage. Gardez ce souffle neuf en vous quelques secondes, afin de lui permettre de bien vous ressourcer, puis, **expirez**, en sentant que vous expulsez hors de votre être toutes vos tensions, tout ce qui peut vous empêcher de pleinement vous détendre. Répétez à nouveau, afin de bien vous disposer.

Ouvrez à présent vos paupières ; vous êtes en mesure de débuter votre méditation. Pour les premières fois, tenez-vous en à une huitaine de minutes, sans pour autant vous chronométrer.

Allumez à présent la bougie qui se trouve sur la table, devant vous. Il va sans dire qu'il vaut mieux avoir lu et retenu au préalable les grandes lignes de cette méditation, plutôt que de revenir constamment à ces pages en cours d'exécution, minant ainsi l'approfondissement de votre démarche. Au besoin, exercez-vous même à l'avance sur ce que vous devez faire avant de véritablement débuter.

A. Posez votre regard sur la flamme qui se consume au sommet de la chandelle. Ne pensez à rien. Essayez-vous même à entendre le fin bruissement du feu en état d'incandescence, à en saisir la réalité, mais sans vous y contraindre outre mesure.

B. *Attardez-vous à* **voir** *la flamme sans la* **regarder** *; ne cherchez pas à réfléchir sur sa nature ou à essayer d'y distinguer des formes ou des messages. Contentez-vous de* **fixer** *la flamme, tout au plus en entrevoyant vaguement le mur d'arrière-plan [qui sera idéalement immaculé, ou à tout le moins sans motif distrayant]. Observez la flamme comme si elle s'apprêtait à vous parler. Portez attention à nouveau à son fin sifflotement, au-delà des sons ambiants. Faites cela pour au moins une hutaine de minutes, sans pour autant vous chronométrer. Pendant ce temps, cette pratique va focaliser votre esprit sur ce point* **extérieur** *de luminosité, tout en le délestant du même coup de ses tracas quotidien.*

C. *Fermez ensuite les yeux en tentant de voir* **en vous** *l'image de la flamme, c'est-à-dire au centre de votre front. Normalement, cette image devrait vous apparaître spontanément, et assez clairement. Si ce n'est pas le cas, rouvrez vos paupières et fixez à nouveau le feu de la bougie pour encore quelques minutes. Fermez subséquemment les yeux, puis laissez son image se recréer d'elle-même en vous.*

D. *Concentrez-vous sur cette image mentale de la flamme. Permettez-lui de* **vivre** *en vous, tel qu'elle le faisait sous votre regard auparavant. Subtilement, vous venez de passer d'un point de focalisation qui était* **extérieur** *à vous, à un autre qui se trouve plutôt* **en vous**, *c'est-à-dire au niveau de votre troisième œil, soit dans le centre* **intérieur** *de votre aire frontale. Ainsi, vous vous déconnectez graduellement des bruits du monde environnant afin de mieux canaliser votre attention vers votre intériorité. Après quelques minutes, l'image de la flamme va s'estomper de votre écran frontal intérieur ; ne vous en faites pas, cela est dans la normalité des choses. Continuez alors de fixer le centre intérieur de votre front. Vous en êtes à un point où un contact avec les niveaux supérieurs de votre* esprit peut s'établir. Nous écrivons 'peut s'établir', car vous comprendrez bien que cela n'est pas automatique, et dépend de votre ouverture particulière à cette réalité intimiste, de même que de la qualité de votre méditation personnelle. Quoiqu'il en soit, **laissez-vous aller** ; la méditation étant une **écoute** des sphères supérieures, et non un **conditionnement** rationaliste, il vous incombe donc de demeurer librement sensible, perméable, à votre intériorité, sans chercher à la modeler ou à l'anticiper rationnellement.

À ce stade-ci, il se pourrait que vous entrevoyiez en vous des formes floues, des nuages ou même des couleurs ombragées, entrecoupées possiblement de lumière. Ne soyez pas apeuré ; ces images proviennent de vos mémoires inconscientes, ou encore de ce que l'on appelle l'Astral, c'est-à-dire cette dimension spirituelle hors du corps physique. Il se peut que vous voyiez également des images à caractère religieux. Mais n'oubliez pas que vous n'êtes ici qu'un simple **témoin** d'autres plans d'existence, rien de plus.

E. Vous pouvez demeurer dans cette phase contemplative une dizaine de minutes si vous le voulez, mais guère plus ; comme vous débutez, il convient de respecter un rythme d'apprentissage qui soit progressif, et bien gradué. Revenez donc à la réalité du moment actuel en prenant conscience que vous vous retirez de cette expérience, tirant même métaphoriquement les rideaux sur votre écran frontal intérieur, puis en ouvrant les yeux. Si vous êtes un tant soit peu spirituel, prenez le temps alors de remercier [ce peut-être votre Conscience intérieure, Dieu, votre Ange gardien, à votre convenance..] pour ce qu'il vous a été donné d'expérimenter.

F. Consigner ensuite dans votre cahier d'accompagnement, ou dans un autre réservé à vos *méditations, le fruit de votre pratique : ce que vous avez pu voir, entrevoir, ressentir..*

Rappelons enfin que bien au-delà de l'expérience potentiellement mystique en présence, la visée première de cette méditation authentiquement de base consiste d'abord à vous permettre de vous centrer sur la flamme de la bougie, puis de vous concentrer sur la recréation de son image en vous. De ne s'appliquer qu'à cela suffit déjà à stabiliser vos émotions, à couper court à des pensées dérangeantes, à vous procurer un calme nettement plus senti.

L'ÉPURATION SYSTÉMATIQUE

Se libérer méthodiquement de ce qui nous ronge intérieurement

Selon une stratégie autrefois populaire dans la boxe professionnelle, consistant pour celui qui s'avérait un bon encaisseur à littéralement épuiser son adversaire en le laissant le frapper à outrance, avec l'intention de mieux être en mesure plus tard dans le combat de le surprendre, au moment où celui-ci sera littéralement vidé, la technique qui suit vous proposera de la même manière de vous libérer par vous-même de ce qui peut vous ronger intérieurement (*culpabilité, stress, anxiété, déprime..*) en vous amenant à ressasser le tout incessamment *–à l'encaisser encore et encore-* pour mieux l'épurer de façon systématique et linéaire. Et contrairement à l'idée d'un journal intime que l'on tient, tel que celui décrit dans notre première partie, ou encore à notre outil dit 'Principe de l'Exorcisme', l'actuelle méthodologie ne consistera donc pas à exprimer ses émois dans un contexte réflexif ou feutré, ou à mettre ceux-ci sur papier pour mieux les déchirer puis les brûler, mais bien simplement à sortir de ses trippes ce qui peut vous oppresser, dans une finalité exhaustive d'épuration systématique. Exactement comme si, à force d'en faire fréquemment état, vous en veniez à justement épuiser ce qui est en émotionnellement en présence. Il va sans dire que plusieurs utilisent déjà ce biais dans leur communications interpersonnelles, en prenant souvent outrancièrement à parti leurs proches, à qui ils se confient longuement, répétitivement, sans aucun égard pour ces derniers, en se disant précisément ce que nous venons d'avancer, à savoir que plus on verbalise, plus on s'aide à évacuer notre trop-plein en présence. La vérité, c'est que les pauvres confidents qui reçoivent de façon pratiquement obligée ces propos, finissent eux-mêmes par se faire tièdes à toute autre effusion ultérieure du même type, ce qui n'est guère bon non plus pour la relation amicale qui existait. Mais cela est une autre histoire..

Ce que nous suggérons ici, c'est de procéder un peu de même, sauf face à vous-même, et non en monopolisant autrui à outrance. Et au risque de nous répéter, le but ultime sera de littéralement épuiser par la présente ce qui nous étreint, et non de le formuler élégamment, ou de l'analyser.

Voici donc ce que nous proposons :

1. *Choisissez un mode d'expression qui vous convienne sur mesure, selon votre type de disponibilité et de préférence : un petit enregistreur compact à cassette, ou encore un carnet et un crayon. Voyez à ce qu'il vous soit aisément accessible tout au long de votre quotidien.*

2. *Il n'y aura pas ici de méthodologie particulière à observer; selon ce que vous éprouverez au gré de votre journée, il faut faudra écrire dans votre calepin ou dicter à votre petit enregistreur ce que vous ressentez, ce qui monte en vous par rapport —à titre d'exemple- à ce qui peut vous préoccuper. Ne vous censurez pas, ne vous retenez d'aucune manière dans le choix des mots ou des tournures que vous emploierez : exprimez-vous tel que vous vous sentez, même si cela n'est guère bienséant.*
Notez qu'idéalement, il ne devrait point y avoir de contingence de temps pour ce faire. Si vous avez de la matière pour alimenter cinq, dix, ou vingt minutes d'activité en ce sens, vous devriez donc prendre tout le temps qu'il faut, jusqu'à ce vous sentiez que vous avez tout dit. Advenant toutefois que vous soyez sur votre milieu de travail, ou dans un contexte moins accommodant et que le facteur temps soit limité, faites ce que vous pouvez avec la latitude que vous avez et le senti que vous éprouvez, puis complétez

le tout un peu plus tard. Car l'exhaustivité est primordiale ici.

À raison d'une ou de deux périodes par jour, sur deux ou trois semaines continues, une certaine épuration émotionnelle aura manifestement pris place, et les occurrences ainsi traitées se révéleront conséquemment moins oppressantes sur le plan psychique.

MIEUX ASSUMER LE PROCESSUS DE DEUIL

Accepter de vivre les étapes inhérentes à toute rupture

Tous autant que nous sommes devons tôt ou tard composer avec la dure réalité inhérente à un deuil affectif. Que ce soit face à un partenaire de vie, un membre de sa parenté, un collègue de travail, au gré d'une séparation, d'un déménagement à l'étranger, ou plus tragiquement en raison d'un décès, son ombre ne cesse de planer sur notre existence tout au long du quotidien, se faisant plus intense et pénible selon le degré d'intimité que nous avions avec la personne en question. Et malheureusement, beaucoup de gens ignorent comment vivre un deuil de façon constructive et assumée, s'en remettant tout béatement au temps qui passe pour magiquement atermoyer les émotions ressenties. Et c'est là que le bat blesse, puisque l'escamotage systématique des étapes à vivre en filigrane peut s'avérer hautement malsain, et faire se prolonger indûment cette difficile période. Car le temps aide, certes, à mettre les choses en perspective, à les relativiser dans l'étendu de notre vécu, mais ne suffit pas à lui seul à cicatriser la blessure de façon satisfaisante.

Dans les faits, tout deuil s'articule sur trois phases distinctes et importantes, qui se vivent habituellement -mais non absolument- dans l'ordre suivant : **peine**, **colère** et **peur**. Quant à la latitude temps requise pour ce faire, elle dépend bien entendu de la gravité de l'endeuillement en présence, ainsi que de l'étoffe émotionnelle de chacun; disons toutefois qu'avec le support de l'entourage ou encore un suivi professionnel adéquat, une période de quatre à sept mois permet d'ordinaire d'en effectuer une assomption significative.

Illustrons notre avancée par l'exemple d'une dame venant tout juste de se faire laisser par son conjoint pour une autre femme, en proie donc à ses premières heures de deuil. Elle risque d'éprouver au départ une très vive peine, sentant qu'il lui a été préféré quelqu'un d'autre, qu'elle est l'objet d'un rejet, d'un abandon, la faisant sentir cruellement désavouée aux yeux de tous. Loin de nous l'idée de donner dans de la matière de 'Psycho 101', sauf qu'il convient de bien mettre en exergue ici le fait que cette peine se **doit** d'être vécue, d'être pleinement exprimée. Il n'y a aucune honte à pleurer, à se laisser aller en ce sens, puisque les maximes d'autrefois, du genre 'Ne *pleure pas, tu es un grand garçon*' ou encore '*Cesse de larmoyer, sinon tu auras mal à la tête*', ne sont en aucun temps le gage d'une meilleure gestion des choses. Non, non, non et non ! Rappelons-nous d'une prémisse élémentaire de la psychanalyse, qui a été simplifiée par l'usage courant : *tout ce que l'on exprime pas, s'imprime*, s'accumule dans notre inconscient en tant que charge émotionnelle ravalée, non désamorcée, et susceptible de malencontreusement nous oppresser ultérieurement. À ce titre, disons que les maladies psychosomatiques en constituent une juste illustration : lorsque l'esprit devient sursaturé d'émotions toujours à vif, de peines non exprimées et même entretenues, le trop-plein psychique ('*psycho*') finit conséquemment par déborder sur le corps ('*soma*'), d'où la naissance potentielle d'un problème physique, alors qu'à l'origine ledit problème était purement de nature psychique. Au risque de nous répéter, s'il-vous-plaît éviter de jouer les super-héros, de vous prétendre ostentatoirement en plein contrôle émotionnel, et permettez-vous d'exprimer justement, simplement, votre chagrin.

Quant à la phase 'colère' du processus de deuil, elle peut précéder ou faire suite à la peine. Elle ne se veut pas nécessairement dirigée vers l'autre parti, le parti maintenant absent, mais plutôt contre la vie, le destin, dans l'optique d'une frustration que l'on ressent quant à être injustement privé d'une personne, d'un mode de vie, d'un quelconque bien-être qui ne sera manifestement plus. De cela peut également dériver le sentiment d'avoir été abusé, trahi, par l'autre ou la providence. Cette hargne qui monte alors en nous demande elle aussi à se faire jour, et là de même, il importe d'extérioriser cette colère d'une façon libératrice, mais non préjudiciable pour les gens qui nous entourent. C'est ici qu'une activité de 'Sublimation de vos pulsions', détaillée plus loin dans le présent ouvrage, prend tout son sens, permettant par ce fait même aux gens frustrés et aigris de se défouler par exemple en s'épuisant littéralement dans une activité physique intense, en frappant ouvertement sur un 'punching bag' de boxe, ou à la limite en s'expurgeant de même sur les coussins du salon, l'important s'avérant à nouveau de **vivre** vivement la pleine expression de notre fureur intérieure. Si vous résidez dans un secteur plus rural, vous pouvez aussi vous permettre de sortir sur votre balcon, et d'hurler votre désarroi au grand air, de le crier à pleins poumons. Retenez qu'en dépit de l'apparence peu orthodoxe du tout, l'idée de l'exutoire se révèle indiscutablement efficace.

Le dernier stade de ce processus est la peur, c'est-à-dire la crainte de se retrouver à présent seul devant de l'inconnu. Car nonobstant la situation qui prévalait avant le bris relationnel, elle s'inscrivait malgré tout dans notre routine de vie, faisant assurément figure de réalité connue, eusse-t-elle été heureuse ou malheureuse. Et devant l'évidence de se retrouver maintenant tangiblement devant un vide, soit celui de l'absence d'un individu, du changement situationnel ainsi généré, sans possibilité aucune de revenir en arrière, nous confronte de plein fouet à cette zone d'ombre. Là encore, cette peur s'avère tout-à-fait humaine et normale dans les circonstances : de la ressentir un temps fait partie intégrante d'un sain processus en ce sens. De l'éprouver plus d'un an commence, en revanche, à loucher vers le déséquilibre systématique. À vous de faire la juste part dans cette finalité, en métaphorisant votre senti de la sorte: tôt ou tard, il finira inéluctablement par y avoir du beau temps pour succéder à la longue période orageuse dans laquelle vous étiez.

Car c'est exactement de la sorte qu'il convient de percevoir un deuil : en tant que moment de transition, de période temporaire, ayant forcément un début et une fin, et qu'au-delà de ce temps à écouler, une normalité plus coutumière de vie vous attend, dans une nouvelle tangente certes, où vous aurez à effectuer des réajustements, mais une vie qui vous appartient assurément.

Enfin, rappelons que ce processus en trois étapes ne doit pas être nié, encore moins éludé, et que de le vivre et de l'exprimer en constituera toujours le choix le plus judicieux. Dans le présent contexte, la peine, la colère et la peur sont définitivement des signes sains d'une perspective psychologique qui est en train de se repositionner et de se redéfinir.

TEMPÉRANCE ÉMOTIONNELLE INTÉGRALE

Venir à bout des émotions intenses et paralysantes

Qui n'a pas, à un moment ou à un autre de sa vie, ressenti un éclatement émotionnel tel, qu'il en venu momentanément à perdre tous ses moyens, sa prestance, et à se sentir si démuni que toute tentative de redressement apparaissait carrément impossible ou même envisageable ? Quel moyen peut-on réalistement considérer dans un tel cas pour espérer reprendre minimalement le dessus ?

Articulé méthodiquement sur l'incidence de la respiration sur notre système cardio-vasculaire, de même que sur la désensibilisation procurée par le clignotement répété des paupières, la présente technique se révèle tout aussi efficace que rapide en situation de crise. La seule règle à suivre afin d'en optimiser l'exécution: se ménager un moment de solitude et de quiétude de trois à huit minutes. Voici le protocole à suivre :

1. *Positionnez-vous debout, le dos contre un mur, en vous fermant les yeux. Essayez-vous dans un premier temps à relaxer, à vous détendre du mieux que vous le pouvez, tout en favorisant le vide de toute pensée, de tout souci.*

2. *Concentrez-vous dans un second temps sur l'épisode de vie qui vous est particulièrement grevant au moment présent ou sur les personnes qui vous ont touché plus spécialement dans cette finalité, en vous appliquant à mentalement les recréer le plus intensément possible, tout autant que l'impact émotionnel en sous-jacence. Permettez-vous-même de laisser monter ce dit impact, que ce soit par le biais de larmes ou de sentiments de colère.*

3. Une fois l'occurrence bien arrêtée donc, appliquez-vous subséquemment à une **respiration intégrale**, soit selon le modus operandi que nous avons déjà détaillé : inspirer tout d'abord par le nez, en sentant que l'oxygène que vous emmenez en vous vous apaise et vous calme, contenez-le dans vos poumons quelques secondes, puis expirez par la bouche, en sentant que vous rejetez du même souffle toutes vos tensions, toute votre détresse émotionnelle. <u>Répétez littéralement deux autres fois, en maintenant toujours votre visualisation et votre senti de l'occurrence traitée.</u>

4. Observez ensuite une brève pause, en clignant des yeux trois fois consécutivement, et ce à trois reprises distinctes, tout en concluant chacune des séquences tripartites en fermant vos paupières et en observant alors une pause de quelques secondes.

5. Maintenez fermées vos paupières, et revenez à ce qui vous préoccupait, en visualisant et en sentant le tout de vivide façon tel qu'antérieurement, sauf que cette fois-ci vous allez pratiquer une **respiration sophrologique**, c'est-à-dire qu'après avoir inspiré de l'air par vos voies nasales, vous allez le diriger tout le long de votre diaphragme vers votre bas-ventre, où vous l'immobiliserez quelques secondes en ressentant l'effet de tempérance exercé, pour mieux ensuite le ramener en sens contraire à votre bouche puis l'expirer. <u>Répétez littéralement deux autres fois, en maintenant toujours votre visualisation et votre senti de l'occurrence traitée.</u>
    Attention ! Ceci peut exiger de vous un certain effort de pratique, selon vos capacités pulmonaires, non pas que cet exercice soit outrancièrement ardu, mais simplement à apprivoiser plus personnellement puisque d'ordinaire, nous ne pensons pas à respirer, pas plus qu'à notre manière de le faire..

6. *Observez à nouveau une brève pause, à la différence du point 4 que cette fois, vous allez vivement déplacer vos yeux de droite à gauche à trois reprises, trois fois consécutivement, tout en démarquant chaque séquence de trois en clignant des yeux une fois et en respectant une brève pause de quelques secondes.*

7. *Concluez la méthode en fermant une autre fois vos paupières, et en vous livrant à une* **respiration succincte** *en trois temps, soit en inspirant vitement par le nez et en expirant tout aussi promptement par la bouche, et ce trois fois d'affilée en ne pensant à rien et en intercalant une brève pause entre chaque exécution. Une fois cela fait, rouvrez les yeux et revenez pleinement à la réalité du moment présent, tout en recommençant à respirer normalement.*

LA SUBLIMATION DE VOS PULSIONS, DE VOTRE TROP-PLEIN D'ÉNERGIE

Canaliser de façon épanouissante des forces effervescentes

À la base un mécanisme de défense en psychanalyse freudienne, la sublimation peut également se révéler un outil de première ligne afin de justement rendre 'sublimes', acceptables, des pulsions qui autrement pourraient s'avérer déplacées ou impropres pour la personne concernée, ou encore la société. Il s'agira donc littéralement de rendre un état d'esprit au départ potentiellement malsain, en un autre plus constructif, et ce en en dégageant une application assainie dans la réalité, à la limite même de l'altruisme ou de l'utilité sociale. Expliqué de manière simple, nous pourrions dire par exemple qu'un homme au caractère fort agressif gagnerait à se livrer à un entrainement de boxe : ainsi, il canaliserait ses pulsions hostiles dans un conditionnement physique dur et épuisant, ou même lors de combats de pratique -où chacun est bien protégé- , de manière à ce qu'il puisse pleinement se défouler, sans pour autant s'avérer dangereux pour son entourage, tout en améliorant sensiblement du même coup sa forme physique et sa santé.

Dans un premier temps, il s'agira pour vous d'évaluer si vous êtes ici et là en proie à des pensées obsessionnellement obnubilantes, à des humeurs fantasques ou extrêmes, tendancieux à faire preuve d'un déploiement excessif d'énergie souvent dérangeant dans certaines circonstances. Et si cela s'avère outrancièrement répétitif, vous auriez alors intérêt à expurger cette effervescence selon le principe que nous venons d'exposer, et en procédant essentiellement d'après les suggestions qui suivent :

1. **Énergie agressive :** *Tel qu'esquissé ci-haut, l'idée d'un exutoire physique s'impose d'elle-même. En ce qui a trait à un besoin de défoulement pur et*

systématique, la boxe est tout-à-fait indiquée : c'est même là l'avenue que nous recommandons fréquemment aux hommes violents, aux gens trop impulsifs, afin qu'ils se délestent justement de saine façon de leur trop-plein en ce sens. Une activité d'arts martiaux (judo, karaté, kendo, aïkido..) se veut encore plus sophistiquée, puisqu'elle se double souvent d'une meilleure gestion de ses émotions, d'un apprentissage du respect d'autrui, tout autant que du développement d'une authentique discipline personnelle. Cela constitue un solide appoint à une psychothérapie, mettant en exergue un volet pratique que l'on ne peut évidemment pas recréer en consultation privée. Peu importe ce que vous choisirez de faire, la règle fondamentale consiste à s'y investir à fond pour littéralement 'sublimer' ces énergies.

2. **Trop-plein affectif :** *Vous avez de la chaleur humaine en surplus ? Vous n'avez pas toujours les occasions pour vous exprimer affectivement ? La société a grandement besoin de vous ! Nous vous proposons donc fortement de canalisez vos énergies vers une activité de bénévolat : mouvements anonymes, associations à but non lucratif, regroupements communautaires, ce ne sont pas les besoins qui manquent. Tel que nous le détaillons sous l'occurrence-outil du même nom, l'annuaire de votre localité –dans le style 'Pages jaunes'- de même que les hebdos locaux foisonnent d'offres de cette nature, où quantité d'âmes en peine ne demandent pas mieux que d'être écoutées et réconfortées. À prescrire notamment aux gens à qui l'on reproche d'être trop émotifs, d'être trop prompts à serrer quelqu'un dans leurs bras, et particulièrement à ceux et celles dont les partenaires de vie ne sont guère réceptifs à ces effusions de tendresse. Voilà un moyen épanouissant de ne pas*

perdre ces précieuses énergies, de les exprimer sainement, tout en en faisant bénéficier les gens carencés à ce niveau.

3. ***Pulsion sexuelle :*** *À l'inverse la prémisse de la catégorie précédente, nous proposerons ici un loisir de style plutôt artistique afin de laisser ces excès pulsionnels s'extérioriser pleinement, sans aucune censure ni retenue : sculpture (simplement avec de la pâte à modeler plutôt que de l'argile, par exemple), peinture, dessin ou écriture (rédaction d'histoires) peuvent contribuer à sublimer de manière satisfaisante de telles énergies. L'important à nouveau, c'est d'aller au bout de ce qui monte en vous dans cette finalité : point de limite ou de jugement moral au cours de ces exercices d'expression ! Et si, en ce sens, vous jugez vos créations trop osées, vous n'avez qu'à les garder pour vous, car la présente visée étant thérapeutique, vous n'avez donc aucunement à montrer quoi que ce soit à qui que ce soit. Le cas échéant, retenez que l'auteure française Pauline Reage a littéralement fait fortune avec ses récits licencieux –qui n'étaient au départ qu'une expurgation systématique de fantasmes incessants-, dont le célèbre 'Histoire d'O' constitue l'illustration la plus achevée. Et, pourquoi pas, la plus profitable du même coup !*

Car avec les courants artistiques audacieux, insolites, extrêmes même qui sont à la mode, peut-être vous découvrirez-vous une seconde carrière !

Vous êtes, bien entendu, entièrement libre de canaliser d'une toute autre façon vos pulsions; ces suggestions ne sont données qu'à titre indicatif, et ne sont certainement pas les seules qui pourraient vous convenir. Vous pouvez ainsi créer vos propres moyens de sublimation, en autant que ceux-ci respectent la décence des personnes autour de vous. Gardez à l'esprit cet aphorisme psychanalytique populaire, que nous avons déjà cité : *tout ce qui ne s'exprime pas, s'imprime.* N'hésitez donc pas à vous exprimer !

DÉCONDITIONNEMENT DE L'ÉMOI ANXIOGÈNE I

Lâcher psychiquement prise sur les patterns d'appréhension

En dépit de son apparente simplicité, l'efficacité exceptionnelle du présent outil tient essentiellement dans son phrasé hautement affirmatif et sans ambages, tout autant que dans son application méthodique lors du réveil –*en tout début de journée*- et subséquemment tout juste avant de s'endormir en soirée, alors que dans les deux situations le niveau subconscient se veut plus aisément perméable aux conditionnements. Une période assidue de deux semaines est suggérée pour ce faire.

Nous recommandons de simplement vous détendre au préalable, en essayant de faire le vide en vous, de ne penser à rien, puis de lire linéairement le texte qui suit. S'il ne vous est pas possible d'en faire lecture à haute voix, à tout le moins chuchotez-le, mais ne le lisez pas simplement mentalement.

> *Je ne suis né ni anxieux, ni angoissé. Je suis venu au monde pur dans mes pensées, exempt de tout pattern de comportement, pleinement ouvert, pleinement vulnérable à l'apprentissage de cette vie.*

> *C'est alors que j'ai appris à avoir peur, à appréhender des choses et des événements, à m'en faire pour des issues sur lesquelles je n'ai jamais jamais eu aucune sorte de pouvoir ou de regard. Et je me suis rendu obsessif, malade en ce sens, cherchant à tout contrôler, à tout vérifier, perdant ainsi beaucoup, beaucoup trop de temps et d'énergie à vouloir constamment me sécuriser, me protéger maladroitement de toute blessure qui n'existait que dans mon esprit..*

Je coupe donc dès à présent solennellement les liens avec tous les patterns d'appréhension et d'anxiété qui peuvent aujourd'hui se trouver en moi, qui subsistent psychiquement dans mon esprit depuis si longtemps, et qui ne cessent de me manipuler dans mon senti, de me rendre fébrile dans mes attentes, nerveux dans mes réactions.
Je m'en détache résolument une fois pour toute.

Je cesse consciemment et subconsciemment d'être l'esclave de tout ce que j'ai pu entretenir en moi quant à mes émois d'angoisse et de panique, de tout ce que je peux même encore entretenir inconsciemment à ce sujet, en dépit de ma volonté de m'en sortir.
Je m'en libère assurément une fois pour toute.

Je m'affranchis de toutes ces perceptions erronées et démesurées qui m'ont si souvent fait entrevoir les événements que je vivais —ou encore que j'étais sur le point de vivre- comme étant pires qu'ils ne l'étaient en réalité, plus lourds à supporter à mes yeux que ce qu'ils étaient authentiquement.
Je m'en libère dès cet instant une fois pour toute.

Je me refuse à céder à toute panique irrationnelle et creuse, à me laisser aller à toute appréhension vide. Mes craintes dans cette finalité ne sont fréquemment que des chimères sans aucun fondement, sans aucun poids réel sur ma personne. Sans aucun fondement et sans aucun poids réel sur ma personne.
Je me commande de m'en libérer dès à présent une fois pour toute.

J'arrête donc de me faire porte-étendard de l'anxiété, en me refusant à entretenir toute impression dans cette veine, en cultivant dorénavant des pensées et un senti dépourvus de toute teneur grevante de cette nature. Ma vie va assurément continuer d'être, continuer d'aller pleinement de l'avant, bien au-delà de cette sensation pâle et relative, restreinte et des plus limitées.

Je me repositionne ainsi solennellement par la présente dans une perspective d'entendement plus juste et sereine. Plus calme et en toute confiance.

Je lâche prise sur mes appréhensions et mon anxiété

Je lâche prise sur mes angoisses et mes déclencheurs de panique

Je m'épure résolument de toute trace de ces chimères

Je me libère assurément de toute influence résiduelle subsistante de leur part

Dorénavant, à chaque instant, et sur tous les plans, je me sens en ce sens de mieux en mieux. En pleine possession de mes capacités comme de mes moyens. Pleinement apte à aller assurément de l'avant dans mon existence.

DÉCONDITIONNEMENT DE L'ÉMOI ANXIOGÈNE II

Lâcher plus profondément prise sur les patterns d'angoisse

Faisant suite au tutorial précédent en la matière, le texte qui suit est à réciter selon la même méthodologie, et les mêmes termes, une fois que vous aurez conclu la pratique de deux semaines du premier.

> *Tout ce que mon esprit peut concevoir et admettre, ce même esprit peut résolument le concrétiser à l'intérieur de ma vie.*
>
> *Tout ce que je désire authentiquement changer dans mon existence, je puis le faire, et ce pour mon plus grand bénéfice personnel, ainsi que celui de mon entourage.*
>
> *Je sais à présent que pour venir à bout de mon anxiété, je me dois de faire absolument confiance au cours toujours constructif des choses, de n'envisager qu'une finalité heureuse et sans heurt pour chacune de mes pensées, chacun de mes gestes, sans jamais permettre à quelque doute que ce soit de dénaturer ma foi en ce sens. Jamais. En aucun temps.*
>
> *J'admets que même si parfois les événements que je vis me paraissent au-dessus de mes forces, il n'en est rien dans la réalité, puisque ce n'est là qu'une façon que la Vie utilise pour jauger mes progrès, évaluer le chemin qu'il me reste à franchir afin de mieux atteindre ma sérénité d'esprit.*
>
> *Je sais que je me dois de prendre et de maintenir un engagement absolument formel dans cette finalité, formel et sans zone d'ombre. Un*

engagement à composer avec mon quotidien sans peur, à percevoir ma réalité sans appréhension, à authentiquement me donner le droit d'occuper la place qui est la mienne en ce monde, à pleinement jouer le rôle qui m'a été dévolu face aux gens qui m'entourent. En toute paix d'esprit, en toute aisance.

Je le veux, je me le commande, que ma volonté de voir positivement, de sentir constructivement, et de bien m'assumer émotionnellement me tienne lieu de raison d'être.

Cette ferme prise de position transforme dès lors toute ombre de doute en tranquillité absolue, toute suspicion en confiance sentie. Je vivrai donc plus pleinement, plus intensément ce prochain jour, ceux d'après, en sachant qu'en me tenant bien occupé, je serai de moins en moins préoccupé. De moins en moins préoccupé. Et de plus en plus assumé, de plus en plus épanoui.

Je suis en train de changer ma vie pour le meilleur, par mes nouvelles attitudes mentales, mes nouvelles habitudes de réaction, mes nouvelles aptitudes à la paix et à la sérénité. C'est là un choix que je fais volontairement, que je privilégie prioritairement, et qui m'appartient résolument.

En m'activant de la sorte, je prends le dessus sur ma condition : je m'affirme dans ma volonté de ne plus simplement exister, de ne plus subir passivement les choses, de ne plus m'entretenir dans ce bourbier, mais d'être plutôt dès à présent la pleine actualisation de ce que je suis potentiellement. D'être à part entière, dans toute mon humanité, dans toute ma grandeur transcendante.

Je me simplifie ultimement la vie. Je ne donne plus aucune prise au mal-être, aucune emprise à mes chimères : je cesse de me poser les incessantes questions que mon insécurité d'autrefois me commandait : à partir de ce moment, je cesse d'être simplement l'ombre de ce que je peux être, je suis (dites votre nom complet), je suis pleinement (redites votre nom complet), et je m'affirme en toute légitimité en ce sens.

J'ai le droit et le devoir d'être moi-même. Mon mieux-être sera à la mesure de ma juste foi, de ma juste affirmation. Je m'affirme donc de plus en plus dans tous les domaines de mon existence.

PROTOCOLE COMPLET DE RÉELLE RELAXATION

Relâcher les tensions de l'Esprit, en traitant le Corps

Les petits trucs de détente que l'on glane ici et là afin d'espérer atteindre un certain degré de relaxation valent bien ce qu'ils valent, puisque dans les faits ils reposent trop fréquemment sur des présentations-cadeaux purement mercantiles, d'apparence séduisante sur le plan olfactif, sonore ou sensoriel, certes mais qui se révèlent être malheureusement beaucoup plus superficielles et même tape-à-l'œil dans leur utilisation que l'impression initiale laissait présager, n'induisant ultimement qu'un état de mieux-être fort relatif, peu senti.

Ce qui suit s'avère nettement moins 'bonbon' et commercial, ce qui n'en fera probablement jamais une bonne idée-cadeau ! Néanmoins, les éléments en présence, de même que la succession minutieusement calculée des étapes en présence, vous permettront d'authentiquement maximiser l'effet recherché de détente totale.

1. Commencez par vous faire couler un bain chaud. Saupoudrez généreusement des sels de bain d'Epsom sous le jet d'eau, ou encore une bonne rasade de bicarbonate de soude ('Petite vache'). Avant de prendre place dans le bain, faites brûler quelques cônes d'encens [Bois de Santal, par exemple] à proximité, puis allumez des bougies. Fermez tout éclairage électrique, afin qu'il ne neutralise point les bonnes vibrations de détente que vous êtes en train de créer.

2. Goûtez maintenant à la grande douceur de ce bain. Prenez-y place, en sentant à quel point l'eau chaude vous apaise en profondeur. Efforcez-vous de faire le vide, de ne penser absolument à rien, de vous laisser simplement aller à relaxer. Restez-y pour une bonne vingtaine de minutes, mais pas beaucoup plus afin de ne pas développer une sensation d'atrophie ou de lourdeur, et pas beaucoup moins pour minimalement en retirer le prélassement escompté.

3. En sortant de l'eau, après vous être asséché délicatement, respirez profondément en sentant que vous inspirez un oxygène qui vous apaise et vous détend, conservant ses effets apaisants en vous quelques secondes, puis dites-vous qu'en expirant par la suite l'air de vos poumons, c'est plutôt toute votre fatigue, tout votre stress que exhalez du même coup. Mieux encore : en évacuant l'eau du bain, prenez conscience que ce sont justement les résidus de cette même fatigue, de ce même stress qui se trouvent là dans cette eau, et qu'à présent, vous êtes purifié de toutes ces choses.

4. Achevez le protocole en vous massant le corps à l'aide d'une huile à votre goût, ou encore d'une eau doucement parfumée, qui vous procurera une ultime sensation de fraîcheur corporelle.

5. Allongez-vous finalement de façon confortable sur votre lit ou une causeuse, en sirotant une tasse de tisane au Millepertuis ou à la Valériane, reconnues pour leurs propriétés hautement relaxantes (S'il-vous-plaît, évitez les arômes-bonbons du genre fruits exotiques ou camomille, qui ne sont tout juste que suaves au goût). Fermez les yeux entre chaque gorgée. Savourez l'effet hautement calmant de cette boisson naturelle. Une sieste ou un sommeil exceptionnellement réparateur devrait ensuite venir assez rapidement couronner le processus.

QUATRIÈME PARTIE

Reconditionnement psychique et

Attisement de bonnes choses

CULTIVEZ UN ÉTAT CONSTRUCTIF DE CONSCIENCE
Se disposer à mieux percevoir et assumer les aléas du quotidien

Les fidèles lecteurs de W. Clement Stone et de Napoleon Hill doivent très certainement sourire en prenant connaissance du libellé du présent outil. En effet, leur concept d'AMP, c'est-à-dire d'*Attitude Mentale Positive*, a déjà été très largement développé et diffusé au travers de leurs écrits et conférences, à un point tel même que d'oser reformuler, puis élargir, ledit concept en une finalité plus *constructive* que positive pourrait très certainement indisposer les puristes en la matière. Nous nous excuserons donc à l'avance de cette hérésie, que nous estimons toutefois nécessaire..

En effet, notre *mea culpa* n'en sera un qu'en demi-teinte hélas ! puisque cette éternelle dualité du positif et du négatif, du bien et du mal, n'a à notre sens que trop fréquemment desservi notre perspective morale au fil du temps, cantonnant outrancièrement, expéditivement, ce qui est prétendument incorrect dans nos comportements sous le registre automatique de ce qui est dit 'mal', vil et impur, de même que tout ce qui ne s'avère pas propre moralement sous le giron de l'immoral, exacerbant ainsi d'une façon on ne peut plus lourde notre sempiternel sentiment d'être toujours fautif de quelque chose, constamment coupable, dans un sens exagérément dénaturé de la réalité : *Si tu n'es point avec nous, tu es donc forcément contre nous !* clamaient les 'Justes' à une certaine époque

Le but du présent outil sera conséquemment de vous faire entrevoir une vérité toute simple mais Ô combien significative pour notre état d'esprit : à savoir que dans les occurrences que nous vivons à chaque jour, au travers des émotions que nous éprouvons à chaque instant de notre vécu, *rien n'est jamais absolument négatif, rien n'est jamais absolument positif, mais tout est assurément c-o-n-s-t-r-u-c-t-i-f.* Car dans le positif comme dans le négatif, nous sommes édifiés par l'épreuve, davantage 'construits', étoffés, dans notre personnalité, souvent amenés de la sorte au-delà de ce que nous considérons être nos limites ultimes, et ce de façon inéluctablement grandissante. Attardons-nous maintenant sur cette avancée.

Moult gens s'arrêtent beaucoup, beaucoup trop, aux épisodes négatifs de leur existence. *'Ah! Si cela ne m'était pas arrivé..', 'Si cette tuile ne m'était pas tombée dessus au moment où je reprenais enfin le dessus..'* Sachez immédiatement qu'il est humain, et jusqu'à un certain point tout-à-fait normal, d'encaisser les coups du destin avec un certain découragement et parfois même de l'exaspération. Cependant, une fois cedit encaissement dûment assumé, ce que l'expérience nous apprend, c'est que dans la très grande majorité des cas, les gens reconnaissent que l'épreuve vécue les a résolument fait voir les choses différemment, qu'ils se sont même dépassés personnellement, allant même parfois jusqu'à prétendre avoir compris que quelque chose du genre devait obligatoirement survenir afin de les amener à se réajuster bénéfiquement dans leur rythme de vie, ou à se repositionner favorablement dans leurs priorités.. Citons le cas de cette dame, sérieusement éprouvée par un divorce particulièrement douloureux tout autant qu'houleux, s'exclamer des années après, que c'était là dans les faits la meilleure chose qui lui était arrivée, puisque cette rupture l'avait contrainte à sortir d'une relation affective hautement toxique *–qu'elle ne voyait pas du tout sous cet angle alors-* et à ainsi se redonner une place dans sa vie, renouant sainement avec ses rêves d'autrefois et ses ambitions d'avant son mariage. Comme le disait Schmidt dans son célèbre best-seller du même nom <u>Le Hasard n'existe pas</u>, ou comme l'affirment encore des personnes plus spirituelles *Le Hasard est l'anonymat de Dieu,* ce qui nous reconduit dans notre avancée que *tout* est *assurément* *c-o-n-s-t-r-u-c-t-i-f*, que rien n'arrive jamais pour rien.

Mais nul besoin n'est de s'avouer dévot ou hautement religieux afin de cultiver une telle attitude mentale. Une simple abnégation personnelle devant le cours souvent déconcertant des événements, une certaine reconnaissance de l'ordre incroyable prévalant dans la Nature, suffisent à nous faire admettre que ce qui nous arrive peut assurément nous orienter dans un entendement autrement plus élargi que celui où nous donnons d'ordinaire.

Qu'il nous soit permis d'évoquer le cas d'un patient arrivant à notre bureau incroyablement furieux de s'être fait coller une contravention des plus coûteuses pour excès de vitesse –*il roulait à 130 km/hre dans une zone scolaire limitée à 30..*-, et à qui l'auteur de ces lignes avait demandé s'il avait alors remercié le policier l'ayant épinglé, puisque celui-ci lui avait manifestement rendu service en le ramenant aussi solidement à l'ordre ce faisant, lui évitant ainsi de potentiellement tuer ou rendre pour toujours invalide un enfant.. Avouons que le contrevenant n'a pas immédiatement vu les choses sous cet angle !

Bien sûr qu'une telle attitude, dans un contexte aussi terre-à-terre que celui-ci, ne s'avère pas toujours facile à mettre de l'avant. Loin de là, nous en convenons! Sauf qu'en voyant cet épisode sous un éclairage un tant soit peu constructif, nous nous délestons d'un trop-plein de stress et de frustration, émotions au retentissement hautement négatif, et absolument non nécessaires pour notre propre santé.

Voici donc le *modus operandi* que nous proposons dans la présente optique :

1. *Dans le vif d'un vécu que nous pressentons comme étant fortement négatif, commencez d'abord par*

respirer intégralement, c'est-à-dire à inspirer par le nez, en sentant que l'oxygène que vous amenez dans votre être vous calme et vous tempère dans vos émois, puis expirez subséquemment par la bouche, en sentant que vous vous libérez de la sorte de tout ce qui peut vous oppresser. Répétez au besoin.

2. Fermez ensuite les paupières et appliquez-vous à visualiser un casse-tête gigantesque, entièrement doré, occupant l'équivalent d'espace d'un mur normal, en vous efforçant d'en saisir le contour irrégulier des différentes pièces le constituant, à la manière d'un véritable puzzle.

3. Dans le coin inférieur gauche, visualisez à présent l'épisode négatif que vous venez de —que vous êtes à- vivre, en le recréant vivement dans ses grandes lignes. Revivez-en l'essentiel en vous concentrant sur l'espace restreint en présence.

4. Élargissez par la suite votre focalisation en revenant à l'entièreté du mur représenté, toujours vierge de toute autre imagerie, toujours coloré doré, en sentant qu'une perspective résolument plus vaste et plus subtile est en filigrane de l'occurrence précédente. Pensez que vous lâchez prise sur tout ce qui peut figurer en arrière-plan de celle-ci, et qu'il se trouve absolument un sens nettement plus constructif que vous ne le percevez quant au vécu expérimenté ici. Inspirez puis expirer.

5. Concluez en sentant que vous tournez la page sur le tout, que vous en acceptez toute la portée sous-jacente, dans une visée qui se fera sans l'ombre d'un doute édifiante à moyen ou à long terme pour vous.

MATIÈRE À MÛRISSEMENT

Mieux s'approprier le sens profond de ce que l'on vit en méditant de petits aphorismes

À mi-chemin entre les proverbes et les formules de mieux-être personnel, les sujets de réflexion qui suivent constituent des petites vérités, de petites idées de rétablissement, dans le but de vous aider à apprivoiser un peu plus le pourquoi des épreuves que vous vivez, de même que leur influence sur votre manière de voir les choses.

Nous ne prétendrons pas, il va sans dire, vous amener de la sorte à un état de bien-être instantané; cependant en relisant ces paragraphes au hasard de vos moments sombres, peut-être en dégagerez-vous ce qu'il vous faut pour mieux les assimiler, puis les surmonter. Dans une tangente c-o-n-s-t-r-u-c-t-i-v-e, serions-nous même tenté d'ajouter !

1. Prenez conscience que dans les faits, vous ne contrôlez que bien peu de choses dans votre vie. Seul le fat Égo propre à la nature humaine nous laisse croire que nous sommes en plein contrôle de toutes les décisions que nous prenons, de tous les choix que nous effectuons. Comme le disait Freud il y a plus de cent ans: *'Nous sommes beaucoup plus agis que nous-mêmes nous n'agissons'*, entendant par là que l'être humain est bien plus une marionnette entre les mains de l'inconscient, sous l'incessante influence de ses patterns et de ses habitudes, qu'un individu authentiquement libre de prendre ses décisions. Qui plus est, tel que nous l'avons déjà souligné, les fondamentalistes chrétiens proclament fréquemment que *le hasard se veut l'anonymat de Dieu*, donc que tout ce qui nous

éprouve sur terre n'est en aucun cas fortuit, mais plutôt le fait d'un ordre divin dominant. Peu importe ce à quoi vous adhérez à ce sujet, une réalité demeure : celle que l'orgueil humain n'est jamais à sa place lorsqu'il se croit plénipotentiaire, en plein contrôle de tout ce qui est. Apprenez ainsi à lâcher prise sur le cours des choses, à faire davantage confiance au cours de la Vie, de votre vie.

2. Vous avez toujours le droit de vivre ou d'exprimer vos émois au lieu de les refouler; il s'avère même beaucoup plus sain d'agir de la sorte. Néanmoins, d'extérioriser ceux-ci ne signifie pas pour autant que vous êtes légitimé de rendre la vie impossible aux gens de votre entourage ! Tentez plutôt de traduire ce débordement émotif d'une façon constructive, en utilisant à cette fin un ou plusieurs des outils de ce livre.
Développez de la sorte l'habitude de ne jamais trop prendre sur vous, de ne jamais ravaler plus qu'il ne le faut ce qui vous grève émotionnellement.

3. Considérez les épreuves que vous traversez - *aussi difficiles soient-elles* - en tant qu'épisodes momentanés de votre existence, épisodes qui feront assurément place sous peu à des jours meilleurs. Après la pluie, dit-on, vient le beau temps : n'entretenez donc jamais d'appréhension négative pour quelque occurrence que ce soit. Car cette manière de s'alimenter psychiquement constitue la base psychosomatique de difficultés de santé potentielles. Essayez plutôt de conserver vos perceptions dans une perspective nettement

plus élargie, en tant qu'épisodes vous menant ultimement à une fin plus heureuse, ou si vous ne vous en sentez pas la force, essayez à tout le moins alors de voir les choses sous un angle constructif (*i.e. ni positivement, ni négativement, mais empreint d'un sens édifiant, grandissant, à plus long terme pour vous-même*).

4. Rappelez-vous à nouveau du titre significatif du livre de K.O. Schmidt : *Le hasard n'existe pas*. Tel qu'esquissé plus haut, cela veut dire que non seulement les événements qui nous arrivent ne sont pas le fruit du hasard, mais qu'en plus il nous a été donné implicitement ce qu'il faut pour leur faire face. Souvenez-vous de cette parabole biblique affirmant que Dieu ne permet jamais que nous soyons tentés au-delà de nos possibilités. Autrement dit, aussi ardue une épreuve puisse-t-elle paraître, nous avons assurément en nous les ressources pour l'affronter, puis la surmonter. Les gens qui sont un tant soit peu spirituels admettent aisément cela, puisqu'ils reconnaissent déjà une présence divine derrière chaque circonstance de vie.

5. Abstenez-vous de vouloir changer les individus autour de vous. Retenez que chacun évolue à son rythme, dans l'ordre naturel des choses qui leur sont propres; de plus, qui vous dit que **vous** détenez **la** vérité dans ce que vous prônez ? Si vous désirez à tout prix opérer des changements, effectuez-les sur vous-même et sur votre façon de percevoir autrui. De la même manière, évitez de porter des jugements sur les autres. Gardez à l'esprit que les apparences s'avèrent fréquemment

trompeuses: quelqu'un qui semble au-dessus de tout le monde, par exemple, n'est pas nécessairement hautain Au contraire, cela peut dissimuler une nature timide, manquant tout simplement de spontanéité en public, et se parant conséquemment d'une façade pour se protéger ou mieux composer avec autrui.

6. Efforcez-vous toujours de ne dire que du bien de ceux et celles que vous côtoyez au sein de votre famille, du milieu de travail ou lors de vos activités, et particulièrement s'ils sont absents au moment où vous en parlez. En tout être humain il se trouve assurément des qualités : prenez dès à présent l'habitude de spontanément mettre dans vos propos une insistance naturelle sur ce côté, soit les points forts de chacun. Rien de grandissant pour vous ne saurait ressortir de commentaires mesquins, ou simplement froids. Rappelez-vous d'ailleurs de ce dicton : *Calomnier, c'est se salir soi-même beaucoup pour tout juste éclabousser l'autre parti.*

7. Ne vous créez aucune attente envers qui que ce soit. Vous ne vous en porterez que mieux ! Car ce qui rend les gens aigris, ce sont justement les espoirs implicites que l'on nourrit après avoir rendu service, et qui souvent ne se concrétisent jamais. Si vous êtes amené à donner à autrui, s'il-vous-plaît faites-le de manière absolument désintéressée, jamais calculatrice. Si retour vous obtenez un jour, puisque vous ne l'espériez point, vous en serez donc d'autant plus heureux. Et à tout le moins, vous ne serez pas déçu.

8. Acceptez-vous tel que vous êtes. Regardez-vous avec moins de sévérité et plus de sympathie. Vous êtes un être humain après tout; octroyez-vous donc parfois le droit légitime de vous tromper, de vous emporter, ou même de paniquer ! Appliquez-vous ensuite au besoin à respirer, par exemple, intégralement –*i.e. en inspirant par le nez, en conservant ensuite l'oxygène en vous un moment, puis en expirant par la bouche-* lors de ces instants, tout en vous disant que les choses vous paraissent fort probablement pires qu'elles ne le sont en réalité : aux yeux des autres, vous n'êtes très certainement jamais aussi déplacé que vous pouviez le penser.

9. Moult gens vivent jour après jour avec le poids et le souvenir d'un passé lourd et difficile. Savez-vous cependant qu'il vous est possible aujourd'hui même de vous construire un meilleur passé pour demain? Dites-vous que le regard que vous portez sur les choses du quotidien, les émotions que vous y rattachez en ce moment même, vont constituer irréfragablement vos souvenirs des temps à venir.. Pourquoi ne pas vous permettre alors d'être plus optimiste et ouvert à la vie dès cet instant, en sachant pertinemment que vos récoltes de demain sont définitivement dans vos semences d'aujourd'hui? Optez dès lors pour des attitudes plus ouvertes et sereines, qui soient résolument à la hauteur d'un passé en devenir qui sera de cette manière tout neuf, et considérablement plus agréable à ressasser !

10. Combattez la routine, la procrastination, le désabusement dans lesquels les media et les gens 'morts avant l'heure' vous entretiennent et vous embourbent d'incessante façon. Prenez le parti de vivre plus intensément chaque heure, chaque journée de votre vie, en investissant davantage dans votre moment présent, en considérant vous dépasser à chaque fois toujours plus, tels que certaines des techniques (e.g. 'Le Tout Dernier Jour') de ce livre vous y invitent. Car sans être alarmiste, gardez à l'esprit qu'à l'instar d'une ancienne publicité de loterie, un jour ce sera votre tour.. de mourir. Aussi, mettez dès maintenant la main à la pâte afin de peu à peu en venir à vivre ce que vous souhaitez vivre, réaliser vos rêves les plus chers, de manière à éviter qu'au seuil du trépas vous regrettiez trop de choses non-faites : 'Ah! J'aurais dû faire cela...'

LES AUTOSUGGESTIONS DE COUÉ

S'imprégner soi-même d'un conditionnement revitalisant

Souvent raillée dans le passé, mais plus justement redécouverte de nos jours, la méthode d'Émile Coué (1857-1926) se veut non seulement simple, mais aussi pleine de bon sens, particulièrement en cette ère de conditionnement subliminal, alors que la publicité et les médias nous asticotent constamment dans cette finalité, nous enjoignant à peine subtilement à consommer tel type de produit, à voir les choses d'un point de vue fréquemment très avantageusement profitable.. pour eux.

En pharmacien croyant aux vertus de ce qu'il assemblait, mais tout en étant surpris par les attitudes résignées de ses clients du temps qui ne voyaient déjà dans leurs médications que l'unique source de rédemption possible à leurs problèmes de santé, Émile Coué s'est intéressé dès le tournant du siècle à aller au-delà du traditionnel traitement pharmacothérapique, en proposant au malade de s'aider à favoriser par lui-même un équilibre plus harmonieux entre son corps et son esprit, par la force de sa volonté et le truchement de conditionnements positifs.. Découvreur inavoué des maladies psychosomatiques et de la **pensée positive**, il en vint à déduire que quantité de malaises psychiques et émotionnels découlent simplement de l'état d'esprit souvent très défaitiste des gens, d'où la nécessité de s'énoncer à soi-même des formules empreintes de mieux-être, c'est-à-dire des **autosuggestions**. Il disait d'ailleurs à ses patients : '*Vous pouvez apprendre à vous aider à guérir. Moi-même je n'ai jamais guéri personne. Ce pouvoir est en vous. Appelez votre esprit à votre secours. Faites-en le serviteur de votre bien-être mental et physique. Il vous guérira.*'

Il recommandait alors à ceux-ci de se répéter quotidiennement, le plus souvent possible, cette formule devenue maintenant célèbre : *'Tous les jours, et à tous les points de vue, je me sens de mieux en mieux'*. Et c'est exactement ce que nous vous invitons à pratiquer ici.

Vous pouvez, bien sûr, reprendre intégralement cette phrase et vous la répéter chaque jour, tant qu'il vous plaît de le faire, minimalement de 5 à 8 fois au quotidien. Voici les grandes lignes :

1. *Prenez d'abord une bonne inspiration par le nez, retenez-la en vous quelques secondes, puis expirez lentement par la bouche, de manière à vous relaxer un peu.*
2. *Affirmez-vous clairement votre souhait. Par exemple : 'Tous les jours, et à tous les points de vue, je vais de mieux en mieux'. Prenez le temps de bien sentir ce que ces mots signifient pour vous.*
3. *Respirez de nouveau, mais cette fois-ci en vous imaginant que l'air que vous inspirez est une forme d'énergie qui vient supporter le désir énoncé. Retenez de nouveau votre souffle quelques secondes, comme si vous étiez pénétré de forces nouvelles, puis expirez lentement tout ce qui pourrait constituer votre lassitude, vos préoccupations, vos doutes quant à l'actualisation de ce que vous venez d'énoncer.*

   Idéalement, si on les pratique dès qu'on s'éveille le matin ou en soirée avant de s'endormir, en raison du fait que nous sommes aux abords du sommeil dans les deux cas, les autosuggestions s'imprègnent semble-t-il plus complètement dans notre subconscient.

Il va sans dire que vous êtes entièrement libre de formuler votre autosuggestion selon vos besoins propres. Ainsi, quelqu'un qui cherche à arrêter de fumer pourrait s'affirmer, dans les premiers temps, '*chaque jour ma dépendance au tabac diminue graduellement et je me sens ainsi de mieux en mieux*' pour progressivement aboutir, après quelques semaines, à '*chaque jour je me sens de mieux en mieux sur tous les plans et je suis totalement libéré de mon accoutumance au tabac*'. L'important, c'est d'adopter un souhait et une tournure de phrase qui soient essentiellement <u>affirmatifs</u>. Référez-vous au besoin aux pages du présent livre détaillant 'Le Mantram de Motivation', où vous retrouverez une excellente méthodologie d'idéation de suggestions.

Dans le cas où des pensées négatives vous viennent souvent à l'esprit, chassez-les en utilisant la même méthode, et une formulation adaptée du genre : '*Chaque jour je me refuse à ces pensées de* _____*; je les chasse carrément hors de mon esprit, et ainsi je me sens de mieux en mieux*'.

Nul besoin n'est de vous mettre en état de méditation ou d'auto-hypnose pour pratiquer ces autosuggestions : et c'est là la beauté et l'aisance de leur pratique, puisque vous pouvez même, au bureau ou sur la route, quand le besoin s'en fait sentir, vous affirmer vos formules personnelles pendant deux ou trois minutes dans le but de mettre thérapeutiquement à profit votre subconscient.

PRIÈRE CURATIVE LIBREMENT INSPIRÉE DU DR JOSEPH MURPHY

Quand la Prière se fait moins religieuse, et plus spirituelle

Dans une optique plus métaphysique que dogmatique, nous nous permettons de vous proposer ci-après un texte librement inspiré par les travaux d'un des pionniers les plus importants du dernier siècle en ce qui concerne le psychisme et la pensée, soit le Dr Joseph Murphy (1903-1997). Ce chercheur et écrivain hors du commun a littéralement révolutionné notre conception moderne de l'esprit humain en introduisant et développant le concept capital de *subconscient* dans notre gestion des attitudes et des émotions que l'on entretient en soi, et dans le retentissement concret que cette dite gestion contribue à générer dans notre réalité.

Ce qui suit constitue donc une illustration digne de ses meilleurs efforts dans cette finalité, que nous nous sommes humblement permis de reformuler dans une tangente plus thérapeutique. Il s'agit en fait d'une solide affirmation subliminale, visant à redresser toute déviance potentielle présente dans le subconscient en un puissant recentrage impliquant le senti d'une présence divine, le respect dû à Murphy obligeant. Bien sûr, nul nécessité n'est d'être soi-même un croyant fondamentaliste afin de bénéficier du phrasé inspirant qui est en présence. Et à l'instar de tout travail mettant à profit nos ressources subconscientes, nous vous recommandons d'en faire verbalement lecture au lever ainsi qu'au coucher, alors que votre esprit se veut plus psychiquement perméable.

> 'Tout est esprit et manifestation de l'Esprit.
> Ma vie est assurément la vie de Dieu ; dès cet instant,
> ma réalité d'existence s'améliore et devient plus sublime.

Tous mes organes, tout mon être sont des extensions de Dieu, empreintes de la présence de Dieu, Dieu qui m'anime, m'inspire et me touche de son Amour infini.

Je suis un être spirituel ; je suis l'écho en besoin de perfectionnement d'un Dieu déjà plus que parfait.

Je sens et je sais que je suis dès à présent moi-même plus parfait et plus prospère dans tous les domaines de mon existence : santé, communication avec autrui, carrière, finances personnelles.

Je suis esprit, je suis d'essence divine et je déborde largement de mon corps physique.

Je suis à nouveau toujours plus dans la grandeur infinie du Père, je ne fais qu'un avec le Père, et le Père est en moi, et le Père est Dieu.

Je dégage toujours plus de sérénité, de paix et de pureté.

Le rétablissement curatif de mon corps et de mon esprit, de mon ego et de tout ce qui en découle est maintenant sous la puissante inspiration de l'Intelligence Infinie, qui est le Principe actif, la Toute-sagesse, la Toute-Puissance appelée Dieu.

Je sais que je suis entouré et pénétré par sa Sainte Omniprésence, et que chaque atome, chaque tissu, chaque muscle et chaque os de mon être est à présent pleinement ressourcé par la splendeur grandiose de sa Quintessence infinie.

Mon corps est le corps de Dieu ; je ressens sa pleine plénitude et sa pleine prospérité. Je ne fais plus qu'un avec Dieu.

Mon esprit baigne dans le mieux-être que procurent son amour infini et sa grandeur céleste, et tout est bien.

Tout est parfait.

Tout est parfaitement dans l'Ordre.

Je loue Dieu en moi, Dieu en tout et partout, ainsi que j'affirme solennellement ma guérison complète et mon retour à ma plénitude d'origine. Je suis illuminé de Là-

Haut, je suis débordant de santé, de prospérité et de vitalité..

Je te remercie, Père, de m'avoir ainsi permis de transcender ma relative perdition, mes mièvres perceptions, ma pauvre impression de ma condition. Amen.'

RECONDITIONNEMENT PSYCHIQUE PERSONNALISÉ

Ce qui se conçoit vivement, s'actualise assurément

Faisant directement suite à l'"Assainissement et la Revitalisation du Subconscient en 21 jours', cette technique cherchera maintenant à traiter subliminalement votre esprit de manière à l'amener cette fois-ci à prioriser l'actualisation de ce qui vous est le plus cher dans les six dimensions fondamentales de l'existence, en vue de votre plus grand épanouissement personnel. Certains parleront de 'programmation', d'autres de 'conditionnement', des tiers de 'méditation concertée', mais le fait est que ce qui suit se veut une sorte de credo hautement affirmé, qu'il vous faut personnaliser.

Dans un premier temps, nous vous exhortons à bien réfléchir et à remplir de façon claire et sans équivoque ce que vous souhaitez voir se réaliser pour votre propre mieux-être. Prenez soin de tourner vos phrases de manière constructive, positive, et de les énoncer avec ferveur et intensité. Contrairement à l'atelier ci-haut mentionné, nous vous recommandons ici de lire le texte suivant *deux fois par jour* : la première, à votre réveil au petit matin, avant même de quitter le lit, et la seconde, en fin de soirée, tout juste avant de vous endormir, de manière à ainsi mettre pleinement à profit les instants où votre niveau subconscient est le plus malléable à vos affirmations. Et à nouveau, le tout peut aisément s'étaler sur une période de 21 jours.

'En ce.. (date d'aujourd'hui), je demande aux énergies viscérales de mon subconscient d'entendre tout ce qui va suivre et de voir à bien actualiser chacune des directives que je vais énoncer, en sachant qu'elles sont formulées pour mon propre épanouissement personnel.

Je le veux, je l'exige, que le présent conditionnement tienne lieu de raison, autant que de priorité psychique.

Tout d'abord, sur le plan..

Sentimental

[Qu'aimerais-je vivre en couple ? Qu'est-ce qui me manque pour y être heureux-se ?] **Je..**

_____

_____

_____

_____

ensuite au niveau
Familial

[Comment souhaiterais-je voir ma cellule familiale, m'y sentir ?]
Je..

_____

_____

_____

_____

en ce qui a trait à mon / mes
Travail / Occupations

[Qu'aimerais-je authentiquement y vivre, ou faire d'autre, pour me sentir épanoui-e à ce niveau?] **Je..**

_____

_____

_____

_____

quant à ma relation avec la
Société

[Quelle place souhaiterais-je y avoir, quel rôle voudrais-je y jouer, quelle différence puis-je y faire ?] **Je..**

_____

_____

_____

_____

en ce qui concerne la dimension
Spirituelle
[*Qu'est-ce qui me ferait du bien de vivre dans ma spiritualité ?*]
Je..

_____

_____

_____

_____

Et enfin sur le plan
Personnel / Santé
[*Que me manque t-il pour me sentir bien dans mon être, fier de moi-même ?*]

_____

_____

_____

_____

Que cette revitalisation aille dans le sens de ce qu'il m'est permis d'apprivoiser et d'espérer, dans l'optique de devenir une meilleur personne, un être humain nettement plus au diapason de sa nature que de ses semblables.'

DÉVELOPPER DE L'ESTIME DE SOI ET DE LA VALORISATION

Venir enfin à bout d'une des plus grandes tares humaines

Imaginez que vous soyez un conférencier de carrière dont la motivation personnelle s'avère des plus chancelantes à ce stade-ci de votre carrière. Vous avez ce soir une causerie à donner dans un sous-sol d'église, et on vous informe qu'à peine six personnes sont présentes dans la salle. Déçu, à reculons, vous prenez place sur le podium, et commencez à discourir. Après un temps, un couple qui vous face au centre semble s'animer, se disputer à mi-voix, apparemment en réaction à vos propos. Quelle impression je crée ! vous dites-vous. Puis votre regard s'oriente du côté droit de l'auditoire, où vous entrevoyez une femme qui baille de façon incessante, visiblement en lutte contre son propre endormissement. Vous tournez subséquemment la tête à gauche, découvrant deux autres femmes vêtues en religieuses, hochant la tête à chacune de vos paroles, regardant ensuite le ciel avec abnégation. Apparemment rien pour vous remonter le moral ! Et finalement, vous apercevez un monsieur âgé, que vous n'aviez point vu de prime abord, assis en retrait, fixant le sol sans broncher, semblant totalement étranger à ce qui se passe dans l'endroit.

Maintenant, supposons que vous vous étiez donnée cette ultime soirée avant de prendre la décision de poursuivre ou non votre carrière de conférencier.. À la lumière de ce que vous avez perçu jusqu'à présent de votre public, à combien estimez-vous vos chances de poursuivre ? Dix pourcent ? Vingt-cinq pourcent ? Disons que loin d'avoir été dithyrambique, l'accueil qui vous a été réservé par les six personnes présentes n'aura certainement pas contribué à vous faire envisager une avenue un brin plus positive, n'est-ce pas ? N'est-ce pas ?

Mais revoyons le film de cette soirée de plus près : admettons qu'après avoir discuté avec chacun d'entre eux à la pause, vous constatez que le couple présent se chamaillait non en raison de l'ennui que vous pensiez susciter, mais bien plutôt parce que chacun voyait dans vos avancées des vérités que l'un et l'autre essayaient tant bien que mal de se communiquer, les deux étant littéralement sidérés par votre exceptionnel discernement de la vie conjugale.. Ceci risquerait-il de vous faire sentir plus réussissant que ce que vous ressentiez initialement ? Et si la dame qui baillait aux corneilles était simplement fatiguée du double quart de travail qu'elle avait été contrainte de faire auparavant, et qu'au lieu d'aller se coucher après coup, elle avait absolument tenu à assister à votre conférence en dépit de cela, ceci rehausserait-il un peu plus votre estime personnelle? Seriez-vous également surpris d'apprendre que les nonnes présentes hochaient leur tête non en signe d'exaspération, mais davantage parce qu'elles s'émouvaient de la profondeur de vos propos, de la justesse de votre vision de la vie, remerciant le bon Dieu de vous avoir mis sur leur route en s'inclinant répétitivement ? Et si le vieil homme qui ne levait jamais les yeux en votre direction se révélait être un aveugle, qui n'avait absolument rien perdu de vos dires, en dépit de l'apparent désintéressement que vous en aviez perçu, à nouveau est-ce que ce fait vous contraindrait à réviser à la hausse votre estime de vous-même ?

Vous nous pardonnerez ce préambule élaboré, qui n'avait pour tout but que de mettre en exergue une réalité que l'on perd fréquemment de vue : à savoir que c'est toujours en fonction du feedback que les autres nous retournent, que nous bâtissons notre estime personnelle et notre valorisation. Car au-delà des gestes que nous posons, des propos que nous tenons, ce sera plutôt au travers de la perception que nous aurons de l'appréciation d'autrui que va s'établir la valeur que nous nous concéderons. Disons qu'en termes de base pour construire quelque chose d'aussi important pour le développement de notre personnalité, ceci se révèle des plus précaires, ne trouvez-vous pas..

Dans les faits, nous ne saurions nous commander à nous-mêmes estime et respect : les deux se méritent progressivement par le biais de ce que l'on dégage de nos expériences de vie, par la qualité de la perception que nous apparions aux réactions des autres à notre égard. De là découle l'essence d'une notion absolument primordiale en ce sens, que nous avons déjà détaillée précédemment, c'est-à-dire celle de la perception **constructive** de toute chose. Au risque de paraphraser notre propos antérieur, rappelons que durant des décennies, nous avons constamment perçu et interprété les événements de l'existence restrictivement en noir ou en blanc, négativement ou positivement. La vérité à nouveau, c'est qu'il n'existe rien qui soit viscéralement négatif ou positif; tout est assurément constructif, en tout temps et en tout lieu, dans le sens que toute occurrence de vie nous construit, nous édifie sur le plan de notre personnalité. Qui plus est, de cette prémisse fondamentale ne saurait également naître aucune estime mièvre, aucune dévalorisation, puisque les critiques dont nous sommes l'objet de la part des gens ne constituent jamais des vérités absolues, jamais des jugements péremptoires quant à notre valeur, mais bien plus de **simples opinions**. De simples points de vue. Cela seul, et rien de plus.

Et le plan d'action thérapeutique découlant de tout ceci va comme suit :

1. *Dites-vous que nous ne sommes jamais les meilleurs juges de ce que nous vivons, que nous sommes d'un naturel sévère envers nous-mêmes. À l'instar de notre exemple du conférencier, ne donnez pas trop vite dans le jugement dévalorisant, en vous concédant plutôt spontanément une perspective constructive des choses;*

2. *Fixez-vous en début de journée des objectifs raisonnables à atteindre pour les heures à venir. En les établissant justement à un niveau de grande raisonnabilité, il vous sera aisé de les réaliser, d'en faire même un peu plus, ce qui générera chez vous une agréable sensation de dépassement personnel;*

3. *Activez-vous bénévolement, tel que détaillé plus en détail sous le libellé de l'outil du même nom. Car au risque de nous répéter, il n'y a pas d'activité plus stimulante dans la présente finalité;*

4. *Évitez de vous mettre en comparaison avec autrui, ou à tout le moins avec des gens qui paraissent toujours meilleurs que vous, à vos yeux. Comparez-vous davantage avec vous-même, ou le cas échéant avec des personnes qui réussissent moins bien que vous. Il n'y a pas que des 'gagnants' (...) ou des 'perdants' dans notre belle société, mais également beaucoup d'individus 'essayants'. Et d'essayer est fort honorable en soi !*

5. *Gardez à l'esprit l'aphorisme suivant : Je suis un être humain en constant cheminement; j'ai donc parfaitement le droit d'être imparfait.*

VISUALISATION ÉMOTIONNELLEMENT SENTIE

Parce qu'une image ne vaut pas nécessairement mille maux..

Vous avez déjà très certainement entendu ce vieil adage anglais disant 'Be *careful what you wish for, you may well get it*' [*Prenez garde à ce que vous souhaitez, cela pourrait bien se réaliser*]. C'est justement cette potentialité d'actualisation psychique que nous allons vous proposer ici de tourner à votre avantage, dans une finalité bien entendu édifiante pour vous. Peu importe la nature de votre mal-être, de votre souffrance, il vous suffit simplement de suivre les consignes qui suivent.

Commencez par vous installer confortablement dans votre fauteuil favori, ou encore allongez-vous sur votre lit, et efforcez-vous de ne penser à rien. Pour vous aider en ce sens, visualisez en vous [*c'est-à-dire au centre de votre front, à l'intérieur de votre tête*] l'image d'un grand ciel de nuit, un ciel de nuit uniformément sombre, sans aucune étoile, sans aucun nuage, sans aucun tracas. Et une fois que cette toile de fond sera claire dans votre esprit..

1. *Inspirez par le nez, en sentant que l'oxygène que vous amenez en vous vous ressource, vous regaillardit, puis expirez par la bouche, en éprouvant la sensation que vous expulsez hors de votre être tout ce qui vous oppresse, tout ce qui peut vous empêcher de vous laisser pleinement aller à* **relaxer***. Respirez de la sorte pour une ou deux minutes.*

2. *Maintenant, imaginez mentalement la situation que vous cherchez à traiter : précisez la partie de votre corps touchée en vous la représentant colorée en rouge, ou à tout le moins ombragée. S'il s'agit d'un malaise diffus [gêne excessive, manque de*

confiance en soi..], *visualisez votre corps étouffé par une sorte de nuage ou de brouillard, qui vous empêche de vous sentir bien dans votre peau, comme si le tout vous asphyxiait, et en identifiant / nommant clairement dans votre esprit cedit malaise* [genre 'c'est la honte qui me cause cela, c'est ma nature violente qui est derrière tout ça..']

Important : **Appliquez-vous bien ici à ressentir le mal-être en présence, en vous rappelant, par exemple, un événement de vie où ce problème vous a particulièrement meurtri. Recréez le tout de la façon la plus vivide possible.**

3. *Une fois cet événement bien senti, revenez à la visualisation de votre personne, que vous continuez de percevoir ombragée là où est votre mal.* Remettez-vous alors à respirer en étant conscient que vous le faites [i.e. que vous inspirez par le nez, que cet oxygène vous ressource, vous apaise, et que pour lui faire place en vous, pour conserver dans votre intériorité ses effets bénéfiques, vous expirez subséquemment par la bouche tout ce qui vous stresse dans votre vie]. *À cet instant,* **visualisez que la zone ombragée qui affecte votre corps devient de plus en plus pâle, au fur et à mesure que vous inspirez / respirez.** Ne bousculez rien à ce stade. *Prenez le temps de bien respirer, et de voir, étape par étape que votre zone d'ombre s'estompe un peu plus à chaque reprise.*

4. *Dès que vous percevrez votre personne sans plus aucun assombrissement, voyez ensuite une lueur dorée se former au niveau de votre front, à peu près entre les deux yeux, et colorez-là de façon toujours plus vive à chaque respiration que vous complèterez. Tellement vive même, que vous la visualiserez s'extensionnant progressivement à chaque partie de*

votre personne [du front au visage tout entier, puis au niveau de votre cou, de votre cage thoracique, de vos bras, de votre bas-ventre, pour ensuite irriguer totalement vos jambes, vos pieds et vos orteils]. *Sentez l'extraordinaire état de bien-être qui accompagne ce déploiement, en vous appliquant à ressentir, à bouger, chacune des parties ainsi traitées, comme si elles étaient devenues plus fluides, plus légères qu'auparavant, comme si un poids invisible venait de se dissiper de sur votre personne.*

Ceci complété, vous pouvez conclure en revenant doucement à vous, tout en prenant soin d'*étirer* vos muscles pour bien les sentir, ou encore en vous laissant simplement aller vers le sommeil.. Dans ce dernier cas, puisqu'*une image vaut* également *mille mots* et que votre niveau conscient sera relâché, l'imprégnation du subconscient n'en sera que plus réussie.

VISUALISATION RESSOURÇANTE

Se ré-énergiser et se protéger à partir de ses propres ressources intérieures

Ce qui suit est en fait un tutorial que l'on utilise d'ordinaire lors d'un traitement sous hypnose, plus précisément lorsque le sujet est plongé dans un léger état modifié de conscience. Il vise principalement à induire un ressourcement énergétique complet, pénétrant et imperméabilisant aux incessantes sollicitations psychiques du monde extérieur. Et devant les résultats hautement efficaces que nous avons obtenus en le prodiguant, il était manifeste qu'il devait faire partie du présent coffre à outils.

Mais que votre résistance s'estompe sur le champ : nul besoin n'est d'être un hypnothérapeute dûment accrédité pour se l'administrer ! Tout au plus faut-il être simplement en mesure de se détendre, puis d'imaginer et de sentir les développements subséquents. À ce niveau, nous vous proposons deux façons de faire : dans les deux cas, il vous faut tout d'abord lire le texte qui suit dans son intégralité. Dans le premier *modus operandi*, vous devez vous l'approprier dans ses grandes lignes -*sans avoir à le mémoriser par cœur pour autant, loin de là !*- pour ainsi l'expérimenter par vous-même, de vous-même, lorsque le besoin s'en fera ressentir. Dans le genre :

‘J'ai trois étapes distinctes à considérer :
-   Idée d'une détente, suivie d'une effervescence sentie au niveau du front, devenant un faisceau lumineux en émergeant, lentement, vers un point situé au-dessus, se révélant être une sorte de soleil puissant, mais lointain ;
-   Une fois le contact établi, une émission énergétique jaillit de ce soleil descendant vers moi, pour mieux me ressourcer

méthodiquement : la tête, la gorge, la cage thoracique, les bras, puis le bas-ventre, les jambes, jusqu'au bout des pieds. Je ressens à chacune de ces phases la présence d'une vive luminosité qui m'investit, doublée d'une sensation de douce chaleur.

- Enfin, cette énergie ressourçante s'expansionne tout autour de mon être, m'enveloppant alors d'une bulle protectrice, afin de mieux me prémunir contre le négativisme ambiant. Ultimement, mon lien avec ce soleil se termine, et je me sens alors plus autonome, plus apte à aller de l'avant par moi-même.'

Dans la seconde option, vous pouvez l'enregistrer pour vous-même, sur cassette audio traditionnelle ou sur un disque compact, de manière à subséquemment pouvoir simplement vous détendre au son de votre propre voix narrant le texte. Un détail néanmoins : n'oubliez pas, dans ce dernier cas, que l'usage que vous ferez de ce support devra être strictement personnel, pour votre usage privé, puisque le présent tutorial fait l'objet d'un droit d'auteur exclusif. Merci de le respecter ! [*Notez que dans le texte qui suit, l'expression 'Brève pause' suggère un moment d'arrêt de 3 ou 4 secondes, tandis que le mot 'Silence' propose un mutisme plus marqué, soit une dizaine de secondes, ceci étant essentiellement dans le but de favoriser une meilleure assimilation par le subconscient*].

Voici donc le tracé littéral de cette visualisation :

'Peu à peu, je sens qu'une certaine effervescence semble prendre place au niveau de mon front, c'est à-dire à peu près à   mi-chemin entre mes sourcils, comme si une énergie intérieure cherchait à s'exprimer, à s'extérioriser hors de mon être.. (Brève pause) Je visualise donc un faible jet de lumière qui émane de ce point, au niveau de mon front, et qui s'élève de plus en plus au dessus de moi, semblant à la recherche d'une résonnance supérieure, d'un écho

de ressourcement.. (Brève pause) *Je sens que cette extension lumineuse monte toujours plus haut, toujours plus loin, atteignant des hauteurs insoupçonnées, à la limite de mon imagination..* (Silence) *Je visualise maintenant que ce faisceau de lumière originant de mon front entre à présent en contact avec une source exceptionnellement irradiante de luminosité.. Tellement éblouissante, que j'éprouve du mal même à la contempler dans toute sa magnificence.. À la manière d'un soleil extraordinairement étincelant et hautement ré-énergisant..* (Brève pause)

De cette source prodigieusement inspirante s'exhale maintenant une forte vague lumineuse qui se propage dans le lien provenant de mon front, et descendant puissamment vers moi, pour mieux me ressourcer, pour mieux me revitaliser, dans le sens de mes besoins les plus importants.. (Silence)

Je sens que cette intense vague de fond en provenance de ce soleil transcendant touche à présent le haut de ma tête, pénétrant ainsi ma chair et ma boîte crânienne de sa lumière vive et vivifiante, de manière à m'illuminer totalement d'une énergie renouvelée.. (Brève pause) *Une énergie sentie et hautement effervescente en moi..*

Une énergie qui descend et s'immobilise par la suite un temps au niveau de ma gorge, d'une façon revigorante et libératrice.. Pleinement revigorante, pleinement libératrice, afin que je puisse dorénavant être mieux en mesure de m'exprimer et de m'affirmer, de dire et de ne point retenir.. J'éprouve même une sorte de chaleur réconfortante qui émane de cette présence..
Cette sublime radiance dorée se propage ensuite à l'intérieur de mes épaules, dans ma poitrine, ma cage

thoracique, puis en mon ventre, dans une expansion qui se fait toujours aussi ressourçante, toujours aussi bienfaisante pour moi.. Tout autant à la surface de mon épiderme, que dans les profondeurs même de cette partie de mon corps.. (Silence)

Puis tout le long de mes bras, jusqu'à l'articulation de mes coudes, de mes avant-bras jusqu'à mes poignets et mes mains, s'extensionnant ultimement à l'extrémité de mes doigts, je sens que c'est cette même luminosité éclatante, hautement ré-énergisante, qui circule toujours plus dans mon être, me remplissant de vitalité et comblant ainsi toutes mes carences, tous mes manques.. (Silence)

À partir de mon estomac à présent jusqu'à mon bas-ventre, s'expansionnant au passage à l'intérieur de mon bassin et de mes gonades, cette puissante vague de renouveau continue encore et toujours de m'illuminer littéralement, sublimant tous mes émois troubles, toutes mes scories grevantes en un tout édifiant et grandissant.. Résolument édifiant, résolument grandissant.. (Silence)

Enfin, ce sont sur mes cuisses, mes jambes, et mes pieds tout entiers qu'échoit finalement cette magnificence dorée, me solidifiant plus que jamais sur mes assises, me renforçant dans ma capacité à aller pleinement de l'avant dans ma vie.. (Brève pause) Dans une finalité toujours constructive, dans un senti plus positif que ce que j'ai pu éprouvé jusqu'à ce jour.. Je me sens vraiment bien, je me sens vraiment, véritablement, de mieux en mieux.. Mieux dans ma tête et mieux dans mon corps.. Mieux dans mon cœur et tout aussi mieux dans mon esprit.. (Silence)

Je vois et je sens que je suis illuminé d'une sublime radiance dans toute ma personne, tout le long de mon être, des pieds à la tête, et même jusque dans les profondeurs les plus lointaines de ma personnalité.. (Brève pause) Je sens que je suis ainsi purifié et puissamment ressourcé..

Et de mon corps physique à présent, déborde cette quintessence énergétique autant que vivement lumineuse.. Une quintessence qui s'expansionne ultimement dans mon espace vital ambiant, colorant du même souffle l'espace personnel qui entoure mon corps d'une vivide teinte dorée, à la manière d'une bulle extraordinairement enveloppante et protectrice, me prémunissant de la sorte de toute occurrence intrusive, de tout flétrissement extérieur, de tout drainage psychique ou énergétique, afin de mieux me permettre de pleinement conserver mon intégrité profonde et ma pureté immanente, et ce encore et toujours pour mon plus grand mieux-être personnel.. Plus que jamais, je suis à nouveau en pleine possession de mes capacités comme de mes moyens (Silence)

Maintenant, je vois et je sens que je rapatrie en moi le jet de lumière qui me rattachait à cette haute source de revitalisation, au-dessus de moi.. Je sens que ce même jet retourne au plus profond de mon front, me rendant à présent plus autonome, plus apte à trouver le bonheur par ma propre volonté, plus en mesure d'être pleinement moi-même au gré de mon quotidien.. Et ce, pour mon plus grand épanouissement intégral.

CINQUIÈME PARTIE

Donner un sens à sa Vie et s'Accomplir davantage

LA GESTION DE VOTRE TEMPS, L'ÉTOFFE DE VOTRE VIE

'Dis-moi à quoi tu t'occupes, et je te dirai à quoi tu te destines'

Un des principaux motifs de consultation que l'on retrouve de nos jours, en cette ère où les télécommunications sont sensées rapprocher plus que jamais les gens habitant notre planète, tout en leur permettant un accès soi-disant époustouflant à des loisirs et de la culture, concerne paradoxalement la solitude, le sentiment d'inaccomplissement, voire même La perte du goût de vivre. Curieux constat puisque technologiquement tout autant que médicalement, les avancées n'ont jamais été aussi centrées sur le prolongement de l'existence humaine et de la qualité de vie qui devrait lui être inhérente, alors que dans le même temps, jamais n'avons-nous autant donné dans la déshumanisation la plus sournoise. La vérité, c'est que rien n'est véritablement fait pour tout d'abord nous faire cultiver la simple envie d'**être**, le plaisir de côtoyer autrui, de vivre à l'intérieur de notre collectivité, croulant plutôt littéralement sous le fardeau justement inhumain de préoccupations que nos gouvernements semblent experts à attiser. Il incombe donc plus que jamais à chacun d'entre nous de se développer par lui-même et pour lui-même un état constructif de conscience, ne serait-ce que pour donner un minimum de sens à notre existence, ainsi qu'un minimum de sérénité afin de composer avec celle-ci, et ce à tout âge. En effet, le taux de suicide chez les jeunes, le désespoir chez nos aînés, les préoccupations de simple survie chez les mitoyens nécessitent assurément un solide coup de barre à 180°.

Ce que nous allons vous proposer ici est un outil simple, qui s'exécutera en trois phases précises : dans un premier temps, il vous permettra de faire d'abord le point sur votre emploi du temps actuel, c'est-à-dire là où vous investissez votre bien le plus précieux sur cette terre. Vous allez ainsi découvrir ci-après deux pages consistant chacune en une petite grille subdivisée en vingt et une cases échelonnées sur trois lignes, ce qui n'est dans les faits rien de plus qu'un agenda simplifié d'une semaine. Comme vous le constatez, nous avons effectivement simplifié à l'extrême ledit agenda, en divisant chaque journée en seulement trois périodes : le matin (9h-12h00), l'après-midi (13h00-17h00) et la soirée (18h00-22h00). Trois cases-horaire par jour donc sur une période de sept jours, ce qui signifie que vous disposez donc de vingt et une période de temps à l'intérieur de votre semaine.

Au cours dette première phase, il vous est proposé d'utiliser une page-grille afin de simplement consigner ce que vous faites de votre temps **actuellement**, c'est-à-dire sans rien changer à vos habitudes, sans rien modifier à votre routine d'une de vos semaines-type. Par exemple, si le lundi matin vous êtes au travail aux heures normales (9h00-12h00) de la matinée, indiquez 'travail' ou 'bureau' dans la case appropriée, et si le lundi après-midi vous êtes toujours là-bas jusqu'à trois heures et qu'ensuite vous allez faire votre épicerie, mettez 'travail' dans la moitié du haut de la case, puis 'épicerie' pour l'autre moitié du bas. Et si la soirée du lundi s'avère votre soirée cinéma –car le prix d'admission y est réduit !-, eh bien inscrivez 'cinéma'. L'intention derrière ceci est de pouvoir schématiser dans cette grille les principales occupations auxquelles vous vous adonnez au fil d'une semaine, de telle sorte à pouvoir en prendre connaissance d'une manière schématisée, qui va se révéler des plus intéressantes. Car une fois que vous aurez complété cette grille avec vos activités normales d'une semaine, vous allez être en mesure de voir en un seul regard –que nous espérerons 'critique' alors- comment est investie la majorité de votre temps. Permettez-vous-même de compter le nombre de cases que vous accordez à chacune de vos occupations. Par exemple, vous arrive-t-il trop fréquemment de faire déborder vos heures ouvrables de boulot dans vos période de 'soirée', d'avoisiner ainsi les 15 périodes plutôt que les dix dites normales ? Et de constater de la sorte que vous êtes peut-être plus 'workaholic' que vous ne le soupçonniez ? Ou, au contraire, êtes-vous sans emploi ou à la retraite, et tout ce qu'on retrouve dans votre grille c'est le mot 'télévision' ? S'il-vous-plaît, soyez honnête dans votre détail pour chacune de ces périodes, car ce sera la qualité de cette probité qui vous permettra de jeter un regard lucide sur la destinée que vous vous tissez.

Considérez, à titre de paramètres de 'normalité', le bon sens le plus élémentaire : s'il est dans les mœurs et coutumes de notre société d'être, par exemple, au bureau aux heures ouvrables de travail, cela mobilise donc une période et demi à deux périodes par jour dans notre grille, donc environ une dizaine par semaine. En contrepartie, d'avoir inscrit 'travail' dans quinze cases sur une possibilité de vingt et une, frôle outrancièrement la démesure.

Cette phase complétée, passez maintenant à la suivante, soit l'examen de vos aspirations profondes dans la vie. Réfléchissez à ce que vous vivez actuellement, à ce que vous avez reçu de la vie dans le contexte qui est le vôtre présentement. Êtes-vous satisfait et heureux en ce sens, ou aimeriez-vous plutôt changer certaines choses, en venir même à améliorer votre sort ? Sachez qu'en modifiant simplement de façon plus constructive le contenu de certaines cases-horaire de votre emploi du temps, en les réaffectant à des activités comblant davantage vos carences et vos besoins, vous pouvez y parvenir beaucoup plus aisément que vous ne le croyez. Moult gens se plaignent de ne pas avoir suffisamment de temps pour faire ce qu'ils souhaitent, tout en se rendant à l'évidence, après avoir simplement effectué le présent exercice, que plusieurs heures de leur semaine pourraient aisément être optimisées dans cette finalité. Cependant au risque de nous répéter, identifiez d'abord ici ce qui vous manque le plus pour être davantage épanoui, et prenez votre temps pour ce faire, car cela s'avère crucial : que ce soit de vous sentir mieux entouré humainement, de changer carrément de métier ou de carrière, de bénéficier de plus de valorisation personnelle, de vous bâtir une plus grande confiance en vous, appliquez-vous à mettre le doigt sur ce qui vous fait défaut, puis passez à l'étape suivante.

Dans un troisième temps donc, nous vous recommandons de reprendre la grille que vous venez de remplir, puis de la considérer en parallèle de ce que vous venez de voir comme étant manquant à votre bonheur, de manière à maintenant mieux planifier idéalement ce que devrait être votre semaine-type, à l'aide de la seconde grille ci-jointe. Il vous suffit d'orienter les vingt et une cases en présence de manière à ce qu'elle reflète une réalité plus proche de la réalisation de vos ambitions légitimes. Par exemple, si vous manquez de contacts humains et vivez de l'esseulement, pourquoi alors ne pas couper une ou deux soirées de télévision, pour mieux vous aménager une visite à la bibliothèque municipale, quelques heures dans un groupement communautaire, une veillée d'activité sportive avec d'autres gens, bref quelque chose susceptible de combler la carence qui est la vôtre. Vous manquez d'estime personnelle et de confiance en vous ? Une ou deux périodes de bénévolat par semaine pourrait contribuer à vous faire développer une impression d'être utile à autrui, plus impliqué dans la réalité humaine de votre milieu, ce qui ne sera pas sans attiser une belle valorisation personnelle.

Votre actuelle occupation ne vous satisfait plus ? Sachez qu'il n'y a jamais jamais eu autant d'opportunités pour des formations professionnelles, de l'éducation aux adultes, ou des cours du soir, qu'en ce moment ! Tout ce qu'il vous faut, c'est de vous renseigner et de vous aménager des cases-horaire en ce sens à l'intérieur de votre grille hebdomadaire. Ceci vous fera développer de nouvelles habitudes, expérimenter de meilleures attitudes, puis ultimement acquérir de toutes autres aptitudes. À nouveau, planifiez votre temps en tenant compte de ce que vous voulez pour vous-même. Car de simplement rêver à plein de choses sans jamais y donner suite par un plan d'action, cela revient platement à ne rêver qu'en couleurs. Beaucoup trop de gens disent :'Oui, mais je suis rendu trop âgé, j'aimerais changer des choses mais je manque d'organisation, de motivation…' Rappelez-vous de cet acteur quelconque devenu président américain, Ronald Reagan. Vous souvenez-vous qu'il a été à la tête de la maison blanche pendant huit ans, débutant son premier terme à l'âge de 69 ans, soit à un âge où la très grande majorité des gens parlent de leur vie au passé, se cantonnant dans leur vécu d'antan.. La vérité est que, nonobstant ses qualités intrinsèques de politicien, cet homme a volontairement choisi de ne point se limiter à écouler une retraite passive, à ne pas se laisser mettre sur les lignes de côté par une société qui discrimine outrancièrement les aînés, en s'activant de lui-même dans un emploi du temps où l'écoute de la télé et les cafés consommés dans les centres commerciaux ne figuraient certainement pas au menu de ses vingt et une cases..

Qu'une chose soit bien claire : notre propos ici n'est point de dénoncer un mode de vie casanier ou plus passif que la normale, et à plus forte raison s'il vous convient dans ce que vous êtes. Cette technique simple d'apprivoisement de votre emploi du temps ne cherche qu'à aider les gens qui se sentent plutôt limités à l'intérieur de telles balises, à relancer leur existence de façon simple mais efficace, puisqu'en fin de compte, les seules limites que vous avez sont véritablement celles que vous acceptez.

Prise de conscience et planification de son temps

	LUNDI	MARDI	MERCREDI	JEUDI	VENDREDI	SAMEDI	DIMANCHE
AM							
PM							
Soirée							

LOISIRS THÉRAPEUTIQUES

Quand se tenir bien occupé permet de ne point devenir préoccupé

La perspective contemporaine concernant le loisir, à l'intérieur de notre belle société qui se targuait justement il n'y a pas si longtemps de vouloir en étendre le rayonnement, semble être étonnamment divisée en deux tendances, diamétralement opposées : d'une part, ceux qui s'étourdissent dans une sorte de *workaholisme* de socialisation afin de s'oublier, d'oublier possiblement leur propres problèmes, se faisant adeptes assidus des 5 à 7, des réunions de fin de soirée se concluant ultimement dans un bar, courant les lancements et les premières de façon étourdissante; et d'autre part, les tenants d'une position plus passive, résumant leur activité en ce sens à écouter la télévision, lire le journal et faire des mots croisés. Remarquez que l'un et l'autre ont certainement leurs avantages et leurs inconvénients, sauf qu'un juste milieu, tout autant qu'un choix possiblement plus avisé de loisir, pourrait se révéler en soi un authentique outil de mieux-être personnel.

Nous avons déjà entrevu avec l'outil qui précède, 'La Gestion de votre Temps, l'Étoffe de votre Vie', qu'un emploi du temps judicieusement planifié permet de réelles potentialités d'actualisation et d'épanouissement. Il n'en tient qu'à vous de tisser votre horaire dans le sens de ce que vous voulez bien attiser et vivre au gré de vos semaines, et ce bien entendu au-delà de vos obligations courantes. En ce sens, la présente technique prolongera conséquemment la portée de la grille de 21 cases, en vous suggérant des loisirs d'une nature plus thérapeutiques, devenant ainsi de véritables supports à votre volonté d'améliorer la qualité de votre moment présent. Il va sans dire que le tout cherchera toujours à bien vous occuper, certes, mais à nouveau de manière nettement plus édifiante. Nous ne parlerons pas ici de bénévolat, l'activité par excellence en la matière, puisqu'elle fait déjà l'objet d'un développement 'in per se'. Dans cette concomitance donc, voici nos propositions :

1. Les mouvements anonymes
Tout le monde a entendu parler des Alcooliques anonymes, des Dépendants affectifs anonymes, des Narcomanes anonymes, et de toute la famille adjacente, jouissant d'une présence authentiquement internationale. Selon ce que vous avez à travailler personnellement, ces meetings vous permettent de rencontrer des gens, d'écouter des partages, et d'y débusquer un authentique soutien. Ils sont spirituels de nature, se tiennent presqu'à tous les jours et l'entrée y est d'ordinaire gratuite, une contribution volontaire y étant librement suggérée. Des fins de semaine intensives de ressourcement et d'autres activités prolongeant le cheminement en présence sont également disponibles.

2. Les groupes d'entraide
Articulé dans une veine plus rationnelle mais non moins humaine pour autant, ils touchent souvent à des problématiques très spécifiques (les Phobies, la Peur de parler en public, l'Endeuillement suivant le suicide d'un proche, les Difficultés familiales..) et ont lieu en moyenne une fois par semaine. De temps à autre, certains conférenciers de renom y prononcent une causerie, et plusieurs activités complémentaires y sont présentées. Là aussi, une simple et raisonnable donation est souvent demandée.
À titre d'exemples, les 'Toast Masters' internationaux cultivent depuis moult années l'art oratoire lors de telles soirées, alors que les rencontres Al-Anon offrent des plénières de ressourcement pour les familles en difficultés, et ce dans plusieurs pays.

3. Le Service des loisirs / La Bibliothèque de votre municipalité

À chaque saison, les villes distribuent d'ordinaire à leurs concitoyens un petit répertoire d'accès aux services et aux installations de la localité, en matière de loisirs. Qu'il s'agisse de cours de peinture, de baignade à la piscine du quartier, de lectures publiques à la bibliothèque, il s'y trouve toujours une kyrielle d'activités, parmi lesquelles vous êtes susceptibles de dégoter quelque chose à votre diapason.

4. Les Soirées des Maisons de la Culture

Si votre besoin à combler en est un essentiellement de socialisation, la fréquentation de ces centres où plusieurs spectacles, expositions, conférences sont dispensés à un tarif beaucoup plus abordable que ce qui est exigé dans les grandes salles, se veut une option à sérieusement considérer. La possibilité de se cultiver tout en sortant de chez soi, de multiplier les opportunités de rencontre, de se tenir ainsi au courant des dernières tendances, des dernières créations artistiques, peut s'avérer des plus profitables sur tous les plans.

5. Les Regroupements d'activité physique ou sportive

Pour les gens plus proactifs physiquement, marcheurs, cyclistes, adeptes d'arts martiaux, de Tai Chi, de volleyball ou de badminton, là encore existent plusieurs groupuscules promouvant chacune un loisir spécifique, dans un encadrement en facilitant la pratique, de même que les échanges humains. Et les coûts s'avèrent fréquemment très raisonnables, puisque ces activités font presque toujours partie des loisirs offerts par votre localité.

Maintenant, où peut-on dénicher les coordonnées propres à chacun de ces services ? Vos hebdos de quartier, journaux locaux, centres communautaires, pharmacies et CLSC de votre région –*pour ce qui est du Québec*- contiennent habituellement un espace babillard promouvant ces activités. Pour les gens qui demeurent dans une grande agglomération, il existe souvent un service central dans cette finalité, comme par exemple le *Centre de Référence du Grand Montréal*. Vous pouvez également contacter directement le service des loisirs, l'organisme qui affiche ce qui vous intéresse, de manière à obtenir l'information désirée, et aller pleinement de l'avant dans une existence plus intensément vécue.

LA RÉALISATION MÉTHODIQUE ET RÉUSSIE D'UN RÊVE OU D'UN PROJET

Se donner un but à atteindre tout en en établissant le plan d'action

En concomitance avec notre outil 'La Gestion de votre Temps, l'Étoffe de votre Vie', la présente technique se veut une application linéaire tout autant que pragmatique des étapes concrètes vous menant pas à pas vers l'actualisation d'un idéal vous tenant à cœur. Car en consultation privée, plusieurs personnes confient vivre des états de mal-être parce qu'ils ont l'impression de tourner en rond dans leur vie, de ne rien accomplir de valable ou de satisfaisant, alors que la simple considération d'un rêve ou d'un projet qui leur est cher, suivie d'une planification cohérente, suffirait parfois à relancer leur énergie créatrice, à leur redonner le goût de vivre.

Le but de cette activité thérapeutique sera donc de justement structurer avec clarté et méthodicité les étapes à rencontrer afin de réaliser un projet qui vous tient à coeur, de manière à réduire au minimum le risque d'échec qui est toujours malencontreusement en filigrane du tout, de même que le niveau d'anxiété accompagnant souvent la concrétisation graduelle d'un projet, surtout s'il est mal détaillé. Car plus un plan d'action s'avère bien désarticulé en étapes, en gestes à poser et en extrapolations diverses, plus le cap à maintenir et les décisions à prendre alimenteront l'enthousiasme.

Nous allons dès lors vous guider dans la préparation et l'atteinte d'un but personnel, qui vous impliquera progressivement sur le plan émotionnel, en un dépassement qui se fera des plus valorisants, au fur et à mesure que vous en mettrez les dites étapes à exécution, avec confiance et valorisation.
Quelques pages dans votre cahier d'accompagnement, un crayon et un peu de temps -de soixante à *quatre-vingt-dix*

minutes environ- constituent tout ce dont vous avez besoin afin de bénéficier pleinement de cet atelier. Il suffit maintenant de bien respecter les étapes qui suivent.

Commencez par écrire, au haut de votre première page, le titre complet de l'étape **A** qui suit, et soulignez-là ; une fois que vous y aurez répondu en vos mots, écrivez le titre complet de l'étape **B** sur une autre page vierge, puis répondez-y à nouveau, et ainsi de suite pour chacune d'elles. Il convient ici de ne pas chercher à sauter des étapes, même si certaines vous paraissent déjà acquises ou moins adaptées à votre projet, en prenant bien soin de répondre adéquatement aux questions en présence. Au risque de nous répéter, plus vos réponses seront *claires* et *étoffées*, plus l'accomplissement de votre idéal s'en trouvera facilité.

(A)   <u>**Moi** - *Où j'en suis dans ma vie..*</u>
Dites en quelques lignes ce qui vous manque actuellement dans votre existence pour que vous vous sentiez plus épanoui, mieux avec vous-même.

(B)   <u>**Projet** </u>*- **Quel rêve, quelle ambition souhaiteriez-vous réaliser?***
Afin de parvenir à étoffer ce que vous avez inscrit en **(A)**, *détaillez ce que vous pourriez entreprendre comme projet en ce sens, avec les possibilités qui sont les vôtres. N'oubliez pas de spécifier aussi en quoi tout cela vous amènera à combler le besoin déjà exprimé.*

(C)   <u>***Les conséquences sur vous et autrui***</u>
Quelles seraient les répercussions de ce projet, une fois réalisé, sur vous et votre entourage? Dites en quoi cela serait bénéfique et souhaitable, pour vous comme pour autrui.

A présent, prenez le temps de relire ce que vous avez écrit. Est-ce que le tout peut s'effectuer dans la réalité qui est la vôtre? Si ce projet est humainement réalisable, alors continuez avec les démarches qui suivent. Advenant, par contre, que cela relève trop d'un miracle pour se matérialiser, retouchez alors à votre projet, en le repositionnant dans un contexte un peu plus à votre portée. Souvenez-vous qu'il est bon d'avoir la tête dans les nuages pour rêver, certes, mais que l'ancrage des deux pieds sur la terre ferme se veut également impératif, afin d'éviter de rêver en couleur.

(D) **_Plan d'action_**

Quelles sont les gestes à poser concrètement et les échéances à respecter pour bien mener ce projet à terme ? Divisez cette section de votre feuille en trois colonnes ; la première titrée <u>Action à entreprendre</u>, la seconde <u>Date prévue d'accomplissement</u> et la dernière, <u>Réussi</u>. Un peu comme suit :

Action à entreprendre	Date prévue d'accomplissement	Réussi

L'idée derrière cette méthode, c'est de tout d'abord inventorier la liste de toutes les choses à faire dans la première colonne, pour avoir une juste perspective de ce qu'il faudra effectuer, et ensuite de noter approximativement dans la colonne suivante quand ladite action sera complétée [Inscrivez une date aussi précise et raisonnable que possible, compte tenu d'un accomplissement réaliste de l'opération en question]. Une fois cela fait, il ne restera plus qu'à cocher la dernière colonne [<u>Réussi</u>], dans le but de confirmer la complétion de la démarche, puis à passer au geste suivant à poser.

ATTENTION : *Cette dernière étape se veut on ne peut plus importante pour la concrétisation de votre projet, puisqu'elle fixe systématiquement les modalités d'exécution, de même que leur échéance respective. :A nouveau, soyez réaliste, mais discipliné ; Rome ne s'est, bien sûr, pas faite en un jour, sauf qu'il convient d'être assidu dans votre respect des actions à poser. Car mettre un plan d'action sur papier sans y donner suite par des gestes concrets, c'est tout simplement écrire pour écrire..*

(E)   <u>**Les impondérables**</u>

Quels sont les obstacles susceptibles d'entraver la bonne marche du projet?   Énumérez sous cette rubrique tous les facteurs [circonstances, personnes, ressources qui vous manquent..] pouvant vous nuire en ce sens, afin d'en avoir une perspective claire et nette.

(F)   <u>**Les adjuvants**</u>

Dressez la liste des aides possibles (organismes, aides pour démarrer un projet, programmes de soutien..) et des gens auxquels vous pourriez recourir pour faciliter la réalisation de votre but, et contrer ainsi les impondérables listés au point E. Tachez, de cette manière, de trouver une solution potentielle pour chacun des dits impondérables qui y figurent.

Relisez de nouveau vos réponses pour chacune des étapes. Si le tout vous satisfait, conservez alors précieusement ces pages à la portée de la main et référez-vous-y aussi souvent que possible. Exposez-les même bien en vue, sur la porte de votre réfrigérateur par exemple, ou encore dans votre agenda, et lisez-les à chaque jour pour bien vous assurer que vous progressez dans le bon sens. Veillez également à respecter les actions à entreprendre, *aux dates que vous avez prévues*, puis cochez avec la satisfaction de l'effort accompli les cases 'Réussi' à côté. Petit à petit, vous pourrez atteindre **tout** ce que vous voulez, si vous vous y mettez.

LE MANTRAM DE MOTIVATION

Se conditionner psychiquement dans une voie supérieure d'actualisation

Fondamentalement dans la tradition hindoue, le *mantram* se définit comme étant une expression visuelle ou sonore, hautement personnalisée, sur laquelle se recueille un méditant afin d'élargir son champ de conscience vers une expérience d'exaltation mystique. Porteur d'une énergie subtile catalysant celles du sujet la faisant sien, il se veut finement personnalisé au diapason de ce dernier, propre à lui et à ses besoins, donc non échangeable.

À partir de là, le présent outil vous proposera donc de développer votre mantram personnel de motivation, de telle sorte que vous puissiez y avoir recours dans vos instants de recueillement ou encore lors de moments difficiles, afin de garder le cap dans vos résolutions, de vous renforcer −en *adéquation avec la visée première de ce livre*- dans votre volonté de rétablissement. Mais n'ayez crainte : nul besoin ne sera d'opter pour la langue sanskrite ou encore de vociférer le tout de façon psalmodique ! Dans la lignée des autosuggestions d'Émile Coué -*que nous avons détaillées antérieurement dans le présent ouvrage*-, la priorité sera plutôt de vous amener à développer trois phrases distinctes de motivation et de conditionnement, qui tiendront lieu de mantra, dans une tournure affirmative et sentie, de façon à ce que vous puissiez vous les répéter à la manière de Coué certes, mais surtout les méditer.

Dans un premier temps, il vous faut clairement établir ce que vous désirez atteindre, voir se réaliser, pour votre plus grand épanouissement personnel : par exemple, cherchez-vous à améliorer votre état de santé, à optimiser le processus curatif d'une problématique, ou encore à favoriser la réalisation d'un rêve ou d'une ambition qui vous est cher ? Prenez bien le temps de délimiter préliminairement et précisément ces objectifs.

Dans un second temps, exercez-vous à phraser par écrit des tournures claires et affirmatives, expressives de ce que vous désirez psychiquement attiser. Portez assurément votre attention ici sur ce que vous *voulez*, et évitez d'évoquer, même mièvrement, ce que vous ne désirez point. Dans le genre :

- *J'entretiens dès maintenant des pensées saines et harmonieuses;*
- *Je me libère de tout doute, de toute confusion, de toute déviance;*
- *Je me sens dès à présent débordant d'énergie, de prospérité et de vitalité;*
- *Tout arrive assurément dans l'ordre des choses, de manière à favoriser ma paix intérieure;*
- *Je m'illumine d'une énergie hautement ressourçante sur tous les plans de ma vie;*
- *Toutes les cellules de mon organisme sont vibrantes de pureté et de santé;*

Au risque de nous répéter, cette phase est cruciale pour la suite des événements; aussi, prenez le temps nécessaire ici afin de bien formuler l'objet que vous désirer voir s'actualiser. Nous vous suggérons donc de vous appliquer en ce sens pendant une semaine ou deux, de colliger même l'ensemble de toutes les affirmations que vous forgerez durant ce temps dans votre cahier de travail, sans en retrancher aucune. Car avec le recul, il se pourrait fort bien que vous considériez différemment certaines tournures que vous auriez autrement pu écarter sur un simple coup de tête.

Dans un troisième temps, il vous faut à présent sélectionner trois phrases parmi ces dernières, en l'occurrence celles qui correspondront le plus justement à ce que vous sentirez intimement 'cliquer' avec vous. Votre intellect vous guidera très certainement vers celles-ci, mais ne mésestimez pas pour autant ce que votre intuition vous inspirera dans cette finalité. Par la suite, ordonnez les trois en un crescendo affirmatif, toujours selon votre senti propre. Une fois ceci fait, prenez conscience de l'accomplissement que vous venez d'effectuer : après tout, vous venez de créer votre mantram personnel de motivation ! Félicitation !

Maintenant, qu'est-ce qui différenciera ce trio d'affirmations dit mantram, des autosuggestions classiques à la Émile Coué ? Le fait qu'au lieu de vous répéter méthodiquement ces dernières au gré de vos journées, comme nous l'avons souligné plus tôt, vous allez plutôt vous appliquer à les méditer. Mais rassurez-vous : nous ne donnerons point dans la méditation transcendantale ou mystique, mais bien plus dans une version tout simplement basique, qui tiendra à peu près à ceci :

1. *Le matin au réveil, avant même de vous lever du lit, puis le soir tout juste avant de vous endormir, fermez-vous les yeux, et prenez une bonne respiration intégrale. Détendez-vous un moment, et essayez de faire le vide en vous.*

2. *Concentrez-vous ensuite sur l'intérieur de votre front, comme s'il s'agissait d'un grand écran connecté à votre esprit, et efforcez-vous de ne voir rien d'autre que celui-ci, parfaitement vierge, exempt de quoi que ce soit. Inspirez et expirez une fois de plus.*

3. *Visualisez subséquemment une écriture s'esquisser sur l'écran, soit l'écriture littérale de chacune de vos affirmations. Lentement, une à la suite de l'autre, de façon claire, sentie, afin qu'elles tiennent toutes les trois sur la surface en présence. Vous n'avez point à les énoncer verbalement : faites-le uniquement de manière mentale. Toujours une après l'autre, à trois reprises dans leur ensemble.*
   Est-il besoin de préciser que vous devrez préliminairement avoir fait l'effort de les apprendre par cœur pour ce faire..

4. *Rouvrez ultimement les paupières, en respirant intégralement, puis revenez à la réalité du moment présent.*

Notez que si l'occasion vous le permet, il est toujours possible d'intercaler un autre moment du genre au cœur de votre journée, histoire de renforcer le retentissement psychique en développement. Avec le temps, vous constaterez que votre concentration se fera littéralement flottante autour de vos affirmations, tellement celles-ci seront devenues partie intégrante de votre schème de penser. De la sorte, elles bénéficieront du même coup d'une considération subconsciente qui sera de nature à les actualiser. Lentement, mais sûrement.

LES GESTES GRADUÉS DE DÉPASSEMENT PERSONNEL

Ou comment surmonter de façon sentie et stimulante ses barrières personnelles

L'une des pratiques les plus sous-estimées et en même temps des plus efficaces en psychothérapie lorsque vient le temps d'apprivoiser une habitude en apparence hors de notre portée, ou encore de désamorcer une crainte viscérale, consiste à se fixer, puis à mettre en application une série d'actions concertées en ce sens, soit des gestes dits gradués de dépassement.

Il s'agit en fait d'une technique des plus libérales, puisqu'elle ne comporte en tant que tel aucun mode d'emploi spécifique, s'articulant entièrement en conformité avec votre objectif et votre rythme de procédure. Rien de plus donc, rien de moins que ce que son libellé suggère spontanément. Pour les plus férus, nous pourrions parler ici de thérapie cognitive de désapprentissage d'une perception aigüe, si l'on peut dire, ou d'apprentissage d'un sain réflexe à développer pour soi.

Mais laissons la théorie académique de côté, et voyons plutôt à étayer le tout par une illustration :

Anecdote clinique :
Pour des raisons remontant à son enfance, et faisant déjà l'objet d'une thérapie individuelle avec un 'psy', une dame de 47 ans éprouve une peur phobique de la sexualité et de tout contact personnel avec des personnes du sexe opposé. Après un certain temps, elle se voit invitée par son clinicien à s'impliquer davantage dans le processus psychothérapeutique en posant justement des gestes gradués de dépassement personnel dans le but d'ajouter une dimension plus pragmatique des choses aux prises de conscience dégagées en consultation. À partir de là donc, la patiente convient de s'activer formellement en s'appliquant à :

- *Apprivoiser progressivement la présence de ses collègues masculins de bureau, en faisant tout d'abord un effort dans le but de les regarder dans les yeux, et d'éviter de constamment baisser le regard au sol face à eux;*
- *Prendre part aux dîners-anniversaires de ces mêmes collègues masculins, avec les autres gens de l'équipe, au lieu de se défiler en prétextant des courses urgentes à faire;*
- *Se permettre un massage relaxant à chaque semaine, et ce entre les mains d'un masseur-homme préférablement référé, afin d'en venir peu-à-peu à désamorcer son réflexe de repli automatique lorsqu'elle se faisait ainsi toucher.*

La dame s'est ainsi octroyée deux semaines afin de réaliser le premier point, à la suite de quoi, elle s'est attaquée au suivant, en se donnant alors une latitude d'un mois pour ce faire, pour finalement —sept semaines après le début de ces gestes de dépassement- en venir à se faire donner un massage.

Comme vous êtes à même de le constater, la latitude de temps se veut relative : la clé de cette outil réside dans le fait d'articuler en différentes étapes graduées, et graduellement apprivoisables, un programme d'actions à mettre doucement de l'avant dans une finalité toute aidante. Que ce soit pour vaincre la peur de prendre l'ascenseur, de conduire seul sur l'autoroute, apprendre à simplement être plus positif dans vos commentaires ou encore occuper une plus juste place au milieu de votre équipe de travail, cette technique fonctionne authentiquement et tient à peu près à ceci :

1. *Prenez une page blanche de votre cahier de cheminement ou encore une feuille de papier vierge, et inscrivez en haut de celle-ci ce que vous désirez atteindre par le biais de cette technique (e.g., tel que nous venons de le mentionner, venir à bout de votre crainte de l'ascenseur..);*

2. *Numérotez et articulez ensuite en quelques étapes simples les gestes de dépassement que vous pourriez progressivement considérer dans l'accomplissement de l'intention que vous avez écrite. Par exemple, permettez-vous dans la présente illustration d'aller dans un immeuble où se trouve un ascenseur, alors qu'il y a peu d'achalandage, et lorsque sa porte s'ouvre devant vous, prenez-y place un moment, en maintenant votre index sur le bouton 'Portes ouvertes', et prenez note de ce que vous ressentez alors. Répétez l'exercice à chaque jour, sur une période de deux à trois semaines. Une fois ceci bien assimilé, allez un cran plus loin : essayez-vous à carrément prendre ledit ascenseur pour un —et seulement un— étage. Si cela est au-dessus de vos capacités, revenez alors au geste précédent. Sinon, répétez-le à quelques reprises, à chaque jour, durant une semaine ou deux. Advenant que le tout soit heureux, poursuivez votre dépassement, en reprenant l'ascenseur mais pour quelques étages de plus cette fois-ci, toujours sur une base régulière, et à nouveau pour un terme de dix à quinze jours.*

<u>Important</u> : Prenez soin de bien noter à chaque fois vos progrès dans votre cahier de cheminement, rayant à chaque complétion l'étape que vous aurez franchie;

3. *Une fois votre objectif du haut de page pleinement atteint, accordez-vous une petite gâterie de votre crû, histoire d'authentiquement vous féliciter de ce que*

*vous venez de conquérir pour vous-même
et par vous-même.*

Un conseil toutefois : à l'instar de n'importe quel autre apprentissage, il ne faut pas que vous vous assoyiez sur vos lauriers, une fois votre conquête derrière vous. Continuez de vous consolider dans vos acquis, en reprenant sporadiquement et méthodiquement certaines de vos étapes, ne serait-ce que pour conserver la forme.

LE TOUT DERNIER JOUR

Vivre plus intensément, plus exhaustivement, tout simplement VIVRE

Nous avons tous entendu dire à maintes reprises que nous ne sommes jamais aussi en vie, que lorsque nous sentons le souffle glacé du trépas nous effleurer la nuque. Comme si à ce singulier instant, nous étions dramatiquement saisis de la précarité de notre existence, de tout ce que nous sommes alors susceptibles de laisser en plan, de tout ce que nous aurions souhaité expérimenté, témoigner à nos proches, mais que nous n'avons jamais pu faire, occupés *(ou préoccupés ?)* que nous étions à passer nos soirées devant la télévision, nos journées devant des écrans d'ordinateur à tenter d'engranger encore plus de profits pour les actionnaires, nos matinées à lire le journal dans une boutique de beignes et de café en observant les gens aller et venir, nos fins de semaine à platement courir les spéciaux d'épicerie et de pharmacie pour mieux reprendre notre routine dès le lundi suivant..

Oui, notre soi-disant manque de temps est au départ une perception qu'il nous faut à tout prix remettre en relief *(voir à ce sujet l'outil 'La Gestion de votre Temps, l'Étoffe de votre Vie')*, de la même manière que notre routine sensément sécurisante, se veut en elle-même beaucoup plus abrutissante encore, qu'asservissante. Comprenons-nous bien : loin de nous la mesquine intention de jauger nos mœurs contemporaines, pour en venir à juger ceux qui en sont les marionnettistes. Toutefois, force est donnée d'admettre que beaucoup de personnes autour de nous sont déjà cliniquement mortes, même si elles paraissent encore au premier regard présenter un simulacre de vie. Et nous ne faisons point allusion ici à celles et ceux qui sont pantouflards, sédentaires, après des journées bien remplies, mais bien plus aux tiers qui subissent leur existence, plutôt que de la vivre. Car il existe une faction de population sur cette planète qui essaye tant bien que mal de simplement survivre au quotidien.. Ceci ne devrait-il donc pas nous ramener à une considération plus appréciative de ce que nous avons ici ?

Le présent outil aspirera ainsi à vous permettre de mettre un peu plus en question la qualité de votre vécu coutumier, de même que l'indice de 'rage de vivre' que vous y investissez. Afin de procéder dans cette finalité, nous vous proposons la démarche suivante :

1. *Installez-vous au départ confortablement, puis fermez les yeux, afin de relaxer. Essayer de ne penser à rien, et au besoin, visualisez en vous cette image d'un grand ciel de nuit complètement noir pour vous aider.*

2. *Imaginez subséquemment que la prochaine journée qui va s'annoncer pour vous sera assurément la dernière, sachant –par exemple- qu'une inversion des pôles magnétiques doit dévaster dans une trentaine d'heures la totalité des surfaces habitées du globe.. Dites-vous que vous êtes un des rares à le savoir, et êtes tenu au secret absolu pour éviter des émeutes.*

   Prenez un moment pour sentir ce scénario, et surtout prendre pleinement conscience que l'aube qui va se lever sera assurément sans lendemain..

3. *Laissez ensuite votre esprit flotter, aller selon ce qui monte en vous face à cette situation. Ne rationalisez pas à outrance, laissant plutôt la voie libre à votre senti émotionnel, intuitif.*

4. *Après quelques instants de cette méditation, prenez connaissance des questions suivantes, et mûrissez-les, en utilisant au besoin votre cahier d'accompagnement pour y inscrire ce que vous jugerez important de consigner. En ces dernières heures donc qu'il vous reste :*

- *Quelles sont les personnes que vous aimez, et avec qui vous souhaiteriez passer du temps de qualité en cet instant ? Vous est-il humainement possible de les voir, de leur parler par téléphone ou internet ? Que leur exprimeriez-vous spontanément alors ?*
- *Se trouve-t-il des gens avec lesquels vous êtes en brouille, et avec lesquels vous voudriez vous réconcilier ? À qui vous pardonneriez des choses, ou de qui vous désireriez obtenir le pardon ? Dans l'affirmative, qui sont-ils, que pourriez-vous concrètement faire en ce dernier jour, dans cette finalité ?*
- *Y a-t-il quelqu'un à qui vous souhaiteriez offrir un don ou un legs d'une importance particulière à vos yeux ?*
- *À quelle activité spéciale, chère à votre cœur, constituant un rêve ou une douce folie hors du commun, vous adonneriez-vous à cet instant ?*
- *Dans toutes vos relations humaines, qui est la personne avec laquelle vous passeriez votre toute dernière heure ? Pour quelle raison ?*
- *Au-delà des points qui ont été esquissés ici, quels autres gestes ou actions envisageriez-vous d'effectuer en cette journée ? Si vous aviez à poser un geste de dépassement ultime aujourd'hui, que feriez-vous ?*

5. *Une fois que vous aurez dégagé des éléments concrets de cette réflexion, attardez-vous finalement à considérer ce que vous pourriez concrètement faire dans la réalité de votre journée suivante, en admettant qu'il s'agisse authentiquement de la toute dernière.*

N'oubliez pas que vous ne disposez que d'un jour pour ce faire: vous devrez alors possiblement faire des choix en conséquence du temps normal en présence. Et peu importe la nature de ces choix, assurez-vous d'être véritablement proactif dans cette actualisation. Pour votre plus grande conviction d'être pleinement en vie, pour le grand plaisir de faire les choses autrement que sous le joug contraignant de la routine..

LA CONCERTATION

Quand Le Secret et La Puissance de Votre Subconscient *sont mis à jour*

Le découvreur et théoricien du subconscient, le Dr Joseph Murphy, prétendait qu'il suffit de vouloir quelque chose avec suffisamment de volonté et de foi pour que notre niveau justement subconscient s'active psychiquement dans l'actualisation de cette visée. W. Clement Stone et Napoleon Hill ont sensiblement abondé dans le même sens en corroborant que ce que l'esprit conçoit et accepte pour sûr, il peut assurément le réaliser concrètement.

Des livres et des DVDs récents, nommément <u>Le Secret</u> ou encore <u>Le Don</u>, publicisés à grand renfort de stratégie marketing n'ont donc, somme toute, rien inventé si l'on considère que Joseph Murphy présentait la même topique près de soixante ans plus tôt dans son monumental best-seller <u>La Puissance de votre Subconscient</u>. Que ce soit donc via la loi d'attraction, la visualisation créatrice, la pensée positive ou le subconscient déjà cité, un fait paraît néanmoins faire l'unanimité : tous autant que nous sommes possédons potentiellement la capacité d'attiser un état d'esprit supérieur, propice à l'actualisation de nos désirs et de nos rêves, même les plus incroyables. C'est là en tout cas ce qui nous est théoriquement présenté ; car en pratique, la réalité s'avère malencontreusement autre. Dans les faits, peu de gens parviennent à authentiquement se faire arriver ce qu'ils souhaitent. Pourtant, si tous ces 'systèmes' de prospérité s'accordent sur notre irréfutable capacité en ce sens, comment se fait-il que les résultats finaux s'avèrent aussi peu éloquents dans la réalité immédiate ? Disons qu'à la lumière de nos propres études et recherches sur ce sujet, il appert que nonobstant la méthode utilisée, des facteurs particuliers, communs à chaque approche, doivent être singulièrement soignés : la clarté de l'imagerie en présence, le senti émotionnel apparié, l'établissement d'un pont entre la situation de départ et celle améliorée, sans omettre le capital retentissement altruiste devant sous-tendre l'intention en présence.

À partir de ces constats donc, nous nous permettons à présent de vous proposer notre façon de faire en la matière, tout simplement et sans ambages, en mettant en évidence les seuls points d'importance à appliquer, en éludant du même coup toute autre fioriture superflue. En ce qui a trait à la mise en pratique à proprement parler, nous suggérons préférablement le moment du coucher, ou encore un moment quiet en milieu de journée, donc une fois par jour, en laissant ensuite passer une pleine journée, et ce sur une période assidue de deux semaines. Advenant qu'après coup le résultat ne se concrétise pas tel qu'espéré, observez alors une pause complète de vingt et un jours, puis réessayez.

1. *Délimitez tout d'abord de façon claire ce que vous aspirez à voir se concrétiser. Prenez préliminairement le temps nécessaire pour jauger ce qui s'avèrerait important pour vous de vivre présentement, de voir se réaliser dans votre existence, un peu comme s'il vous était octroyé la réalisation d'un vœu singulièrement cher à votre cœur auprès d'un bon génie.*
   Cette délimitation se révèle fondamentale, étant donné qu'une fois que vous aurez débuté la présente pratique, vous devrez vous astreindre méticuleusement à ce que vous aurez initialement conçu, sans chercher à le modifier en cours de route;
2. *Installez-vous ensuite dans un endroit confortable et quiet, puis commencez par vous relaxer. Fermez les yeux, faites le vide en vous, et respirez profondément en sentant que vous vous détendez de plus en plus.*
3. *Visualisez un grand écran de cinéma à l'intérieur de votre front. Prenez conscience que vous êtes seul en présence, seul dans cette salle et que conséquemment,*

la projection à laquelle vous allez assister vous est assurément destinée. Vous êtes bien, vous vous sentez détendu et réceptif, l'écran s'illumine d'un faisceau de lumière, la représentation débute.

4. *Un film commence à y défiler :*

- *Les premiers instants de cette projection doivent obligatoirement concerner un épisode <u>réel</u> de votre existence, que vous reproduisez ici le plus fidèlement possible, tel que vous l'avez vécu, et en rapport bien entendu avec la concrétisation de ce que vous désirez. Tel que mentionné antérieurement, l'imagerie doit être saisissante de réalisme, tout autant que les émotions ressenties alors.*

  Par exemple, si vous désirez vous guérir d'une problématique émotionnelle, voyez-vous donc au début de ce film dans un moment de réelle souffrance, alors que vous étiez aux prises avec votre mal-être chez vous, au bureau, dans la réalité de votre quotidien. Le tout n'a pas à être long —deux, trois minutes..-, en autant que la cohérence en présence soit fidèle d'une fois à l'autre où vous pratiquerez l'exercice.

  À la fin de ce segment, concluez alors par un 'fondu au noir' visuel, c'est-à-dire un obscurcissement progressif de l'écran, tel qu'on en voit au cinéma ou à la télévision, annonçant un enchaînement avec un autre épisode.

- *Imaginez subséquemment un 'fondu au clair', soit un éclaircissement de l'écran, donnant cette fois-ci sur un développement* **fictif***, mais réalistement extrapolé, devant aller dans le sens de ce que vous souhaitez voir se réaliser ; cette projection doit être essentiellement consistante d'une fois à l'autre, sensoriellement précise* [soit en recréant justement les perceptions des sens, c'est-à-dire une odeur propre au lieu où vous êtes, un son ou une musique d'arrière-plan caractéristique de l'atmosphère évoquée, le parfum particulier d'une personne autour de vous..], et *émotionnellement bien sentie*.

Si nous continuons avec notre exemple, voyez-vous dans ce segment en vous sentant sensiblement mieux, rétabli, déployant même une vitalité que vous ne vous soupçonniez pas capable d'avoir, exécutant avec bonheur une activité agréable de dépassement, encore une fois dans un contexte empreint de réalisme, de préférence dans un décor connu, au milieu de gens de votre entourage coutumier. Pour quatre ou cinq minutes, vivez authentiquement ce moment magique;

Important : Au cours de ce segment, vous avez actualisé tangiblement votre souhait, sans pour autant avoir vu ou appris comment il s'était réalisé. Ce point n'est aucunement à approfondir entre la phase initiale et celle-ci, ni à chercher à expliquer plus loin : contentez-vous de simplement en ressentir la sensitive manifestation.

- *En cours de déroulement de cet épisode, insérez obligatoirement une scène où vous vous retrouverez devant un miroir, vous observant alors minutieusement tel que vous serez, prenant soin d'apprécier pleinement votre reflet, la santé que vous y exulterez, tout autant que le bonheur que vous dégagerez. Accordez-vous une bonne minute pour ce faire ;*

- *Voyez-vous passer ensuite dans une autre pièce, où quelques personnes familières vous attendent, apparemment pour vous demander de leur venir en aide. Sentez que vous vous engagez sincèrement en ce sens, que vous aimez ces gens, et que c'est là un juste retour des choses pour vous d'être disponible pour eux, de par tout ce qui vous a été généreusement donné. À cet instant, vous percevez des clameurs provenant de l'extérieur. Vous vous excusez alors auprès de vos visiteurs afin de mieux vous diriger vers la porte et la franchir.*

- *Concluez ici en vous voyant chaleureusement accueilli au dehors par un groupe de gens que vous ne connaissez point, et qui semblent cependant ravis de vous voir, tandis qu'il devient clair que vous occupez une place de choix au milieu de cette belle multitude. Visualisez alors un recul de l'imagerie, comme si cet attroupement se faisait plus petit devant une vaste toile de fond représentant la Nature, puis l'Univers. Voyez ultimement la mention 'À suivre..' apparaître en superposition à la fin du tout.*

5. *Rouvrez ensuite lentement vos paupières, en prenant un instant pour revenir à vous en douceur, en sentant à quel point cet exercice a pu vous faire du bien, et surtout à quel point la réalité qui vous entoure -à commencer par le décor du lieu où vous êtes réellement- ne s'avère pas si différente de celle que vous venez d'expérimenter.*

   Car si cette réalité dite factuelle se veut assurément votre lot quotidien, votre potentiel subconscient peut alors très certainement prendre pour tel la réalité virtuelle que vous venez d'étoffer, et allez continuer à étoffer..

SIXIÈME PARTIE

Mieux interagir avec Autrui et la Société

COMMUNICATION EN TROIS TEMPS

Apprécier de pouvoir partager sans se faire abruptement couper la parole

Rares, très rarissimes même, sont les discussions où chacun bénéficie d'une juste latitude afin de faire valoir son point de vue ; que ce soit à deux ou en petit groupe, dès qu'une avancée est en cours, moult gens insatisfaits des propos tenus, ou encore se croyant mieux inspirés pour compléter l'argument présenté, ont la fâcheuse manie de parler par-dessus leur interlocuteur, en montant même souvent le volume de leur voix, sans se soucier du manque de respect flagrant qu'il témoigne de la sorte à la personne qui s'exprimait, comme s'ils avaient un droit acquis de se faire entendre illico, Qui n'a pas déjà expérimenté pareille situation ? Qui n'a pas même innocemment abusé de cette façon de faire, sous le prétexte fallacieux qu'il valait mieux rétablir les faits sur le champ ?! Qu'on ne devait pas laisser se poursuivre un tel déluge de non-sens,, À partir de là, doit-on se surprendre de la hausse spectaculaire des divorces, séparations, querelles et affrontements tout azimut dont nous sommes témoins au quotidien? Nous l'avons dit : l'idée ici est d'apprendre à parler pour échanger, non parler pour s'imposer.

Le principe de base de l'exercice qui va suivre se veut simple, mais non moins efficace pour autant; apprendre à littéralement mettre en application ce que nous venons juste d'énoncer. Et comme la bonne volonté humaine dans cette finalité manque souvent d'encadrement, nous allons vous proposer le *guideline* qui suit afin de faire correctement les choses.
Supposons donc que vous êtes impliqué dans une argumentation vive avec un proche ou un ami, et que le tout commence outrancièrement à déraper vers une empoignade verbale..

1. Si cela n'était déjà fait, assoyez-vous tous les deux, préférablement face-à-face, afin d'éviter une gestuelle excessive que le positionnement debout facilite, et qui crée implicitement un rapport dominant-dominé lorsqu'un des deux partis se veut de plus forte stature ou plus expressif que l'autre à ce niveau. Une position assise sous-entend un mood 'causy', nettement plus propice à un échange constructif.

2. Maintenant, déterminez qui va commencer, selon la balise suivante : quelqu'un va tout d'abord librement parler tandis que l'autre va respectueusement l'écouter pendant dix minutes. Ce que cela signifie en clair, c'est que la personne qui débute aura la chance d'exprimer son point de vue, sa perspective personnelle quant au litige en présence, et ce sans se faire interrompre, sans se faire couper la parole, sous-entendant que l'individu qui sera en mode 'écoute' n'aura aucun droit de parole, aucun droit de réplique, durant ce temps. Il devra attendre son tour lors de la phase suivante, alors que les deux changeront de rôle, afin de se faire entendre. Dix pleines minutes pour exposer son opinion, parler de soi, de ce que l'on vit, et ce sans aucune interruption, voilà quelque chose que nous ne sommes plus guère habitués de bénéficier. L'avez-vous d'ailleurs jamais fait ? N'avez-vous point d'appréhension à l'idée de devoir remplir seul, par vous-même, dix minutes en parlant de vous ? C'est là ce que plusieurs personnes ont spontanément comme réaction au début ; toutefois, dans l'application, vous constaterez que ce laps de temps passe très vite.

3. Une fois cette phase complétée, les deux personnes changent de rôle, le récepteur se mettant en mode 'émetteur', et ce dernier en état de réception. À nouveau, les mêmes règlent tiennent : le locuteur bénéficie de dix minutes afin de parler, et son vis-à-vis doit l'écouter sans aucun droit de l'interrompre.

[Il est intéressant à la fin de cette étape de prendre un instant pour remarquer ce que chacun a le plus apprécié : était-ce de pouvoir s'exprimer librement sans se faire parler par-dessus ? Ou de plutôt se concentrer à simplement saisir l'autre par une écoute appliquée ?]

4. *Les deux partis s'étant donc préalablement appliqués à converser dans un contexte où chacun pouvait :*

    - *parler en se sachant respectueusement considéré;*
    - *exposer librement une opinion contraire à celle de l'autre, mais pas en même temps que ce dernier, après qu'il eût clairement terminé son propos.*

    ...le temps est donc propice pour un échange en bon et dû forme ! Gardez en tête ce que nous venons de rappeler, et octroyez-vous un nouveau bloc de dix minutes afin de véritablement interagir l'un avec l'autre cette fois-ci, toujours dans le même esprit, mais un cadre de conversation nettement plus cordial.

Qui a dit que les échanges entre êtres humains devaient obligatoirement s'inscrire dans une perspective de gagnant et de perdant ? Il suffit d'un brin de bonne volonté et d'une procédure basiquement étapée pour simplement arriver à véritablement échanger. Dans le respect et la courtoisie. Simplement comme dans un jeu d'enfant.

COMMUNIQUER UNE DEMANDE EN
CRESCENDO D'OBLIGEANCE

Formuler une requête dans un respect obligeant

Avec le temps, il semble que nos capacités oratoires, que nos aptitudes à la conversation se soient considérablement.. simplifiées. Autrefois à la petite école, on nous enseignait à faire des phrases complètes à partir d'un sujet, d'un verbe et d'un complément, en mettant l'accent sur le fait que *ce qui se conçoit bien dans notre esprit, s'énonce donc clairement dans le langage parlé.* Par contre, de nos jours, avec des tournures coutumières expédiées du genre *Yo Man, de que cé l'prob ?* ou encore *J'pass dans l'bur du Rec c't'aprem,* force est d'admettre qu'une communication d'autant plus réduite à sa plus simple expression risque de s'avérer fort peu compréhensible au-delà du groupe duquel elle origine.

Toutefois, une règle demeure universelle : *tout peut se dire* — et par extension être favorablement compris-, *tout dépendant de la façon de le dire.* Ce sera donc ce biais d'expression adapté que nous allons mettre de l'avant dans le présent outil, d'une façon fine et adaptée. Car partout autour de nous, de plus en plus de parents éprouvent du mal à communiquer, ou à simplement connecter, avec leurs jeunes, et la réciproque se révèle également fondée ; beaucoup trop d'hommes et de femmes ne peuvent exprimer convenablement les émotions qu'ils vivent sans s'emporter, sans donner dans une explosion émotionnelle, ce qui favorise assurément une belle communication constructive n'est-ce pas..

Dans le présent contexte, la technique présentée concernera principalement, mais non exclusivement, la communication d'une demande à quelqu'un, selon une formulation qui se fera de plus en plus aimable, et par conséquent obligeante envers la personne en présence. En voici un exemple concret :

- *Ma chérie, voudrais-tu ramasser tes choses avant d'aller te coucher..*
- *Ohhh Maman, j'écoute un film sur DVD..*
- *Je sais que tu aimes bien mieux ton film que l'idée de faire du rangement, mais tu sais que tu me faciliterais grandement les choses..*
- *Ohhh Maman, je le ferai demain.. Promis*
- *S'il-te-plaît Caroline, mets ton lecteur DVD sur 'Pause' et fais-le maintenant. Cela nous permettrait demain matin de passer à autre chose, et m'aiderait moi-même à me reposer. Peux-tu faire cela pour moi ?*
- *Ahhh ! C'est O.K.*

Vous remarquerez qu'effectivement, un crescendo est bel et bien présent dans les formulations de demande en présence, en caractère gras : la première est articulée gentiment, mais sans ambages, alors que la seconde reconnaît l'inégalité du choix entre ce qui est vécu et ce qui devrait être fait (*'Je sais que tu aimes mieux ton film..'*), l'effort qu'il y a à fournir, tout en introduisant finement l'idée ce faisant d'aider la requérante dans ses propres besoins (*'tu me faciliterais grandement les choses'*). En dernier lieu, la troisième phrase débute par une supplication sentie (*'S'il-te-plaît'*), où l'autre parti est personnellement interpellé par son prénom (*'Caroline'*), dans une tournure toutefois plus impérative (*'fais-le maintenant'*), mais toujours empreinte d'une douceur d'intention (*'[Cela] m'aiderait moi-même à me reposer. Peux-tu faire cela pour moi ?'*). Devant une telle façon de présenter une demande, comment pourrait-on obtenir une réponse dépourvue de considération en bout de ligne ?

L'illustration évoquée ci-haut tient compte des facteurs suivants :

A. *La gradation s'articule sur trois phrases distinctes, se faisant en apparence toujours plus aimable :*

1. *Formulation correcte de la demande, en des termes clairs ;*
2. *Reformulation où l'on acquiesce à l'objectif soulevée, tout en introduisant le bénéfice que l'acquiescement à la demande procurerait ;*
3. *Nouvelle formulation axée sur une supplication personnalisée, utilisant directement le prénom de l'autre, en une tournure plus ferme, mais ultimement adoucie par la gentillesse, l'accommodation, que l'action posée générerait.*

B. *Au-delà de l'interaction parent-enfant illustrée ici, cette technique peut très bien se pratiquer entre conjoints, membres d'une même parenté, amis, collègues de travail. Tout ce qui importe, c'est de faire preuve d'un respect senti et sincère dans sa façon de s'exprimer, et de bien se prémunir contre l'intention de se faire manipulateur, ce faisant.*

COMMUNICATION 'MAINS DANS LES MAINS / YEUX DANS LES YEUX'

Échanger de vive voix, de vifs yeux, mais dans un respect senti

Cette extraordinaire technique de communication vaut son efficacité à son contact simple et authentique entre deux personnes, alors que l'emphase est mise sur un échange cœur-à-cœur, et non mental-à-mental. Et ce qu'il y a de singulièrement intéressant, c'est qu'elle s'applique dans pratiquement tous les contextes relationnels possibles et imaginables : à l'intérieur d'une famille, entre mari et femme, parent et enfant, frère et sœur. Dans un contexte plus large, à l'intérieur d'une classe de la petite école, entre élèves en conflit, dans une garderie où les jeunes peuvent être mal assortis, au sein d'un groupe d'amis divisés par certaines positions, bref dès qu'il y a une difficulté relationnelle ne débouchant sur aucune possibilité de résolution apparente, le présent outil trouve résolument tout son sens, toute sa raison d'être.

Mais qu'une chose soit bien claire en contrepartie : en dépit de son apparente facilité à exécuter, il nécessite un minimum en termes d'ouverture et de bonne volonté. Et vous comprendrez en parcourant le *modus operandi* qui suit qu'il s'agit d'un type de communication de calibre véritablement professionnel, puisqu'il met de l'avant une authenticité telle, que le contact établi ici permet de dénoncer rapidement le manque de franchise le cas échéant.

Au départ, chacun prendra place sur une chaise, un fauteuil, ou mieux encore une causeuse, mais à condition d'être à proximité l'un de l'autre, presque face à face, à guère plus d'un ou deux pieds de distance. Le lieu environnant gagnera à s'avérer quiet, sans interruption potentielle, et l'activité en tant que telle pourra durer entre dix et vingt minutes. Vous comprendrez qu'en échangeant de la manière suivante durant à peine quart d'heure, vous obtiendrez déjà une bien meilleure qualité de communication qu'en discourant banalement pendant deux heures, d'un bout à l'autre du salon.

Prenez donc place tel que suggéré, et veillez à observer les règles qui suivent :

1. *Prenez-vous les mains mutuellement, puis regardez-vous un moment en silence, histoire de laisser un certain contact s'établir. Pour les gens qui sont relativement proches sur le plan personne, cette première étape peut faire naître un sourire de part et d'autre, ou encore un fou rire, de par le caractère directement intimiste en présence. Sauf que d'ordinaire, cela ne dure pas. Si toutefois vous éprouvez un réel malaise devant ce toucher, observez une pause et reprenez l'exercice, ou encore remettez-le à un moment ultérieur.*

2. *Chacun parle ensuite <u>à tour de rôle</u> de ce qu'il vit dans la présente situation, en évitant de couper la parole ou d'interrompre l'autre lorsqu'il s'exprime, tout en reprenant la nature du problème en présence en ses propres mots, et selon sa compréhension personnelle, <u>sans jamais se laisser les mains ou se quitter du regard</u>. Il a déjà été dit que si l'on possède deux oreilles et une bouche, c'est parce que l'on a intérêt à écouter deux fois plus que l'on ne parle. Prenez donc bien soin ici d'être à l'écoute de votre interlocuteur. Prêtez attention à sa façon de vous partager ses émois : le choix des mots employés, le ton de voix utilisé, sans omettre le langage des yeux.*

3. *Observez subséquemment une pause d'une à deux minutes, histoire de mieux jauger la manière dont l'autre voit la situation, en vous mettant même à sa place, d'après ce qu'il vous a confié. Comparez pour*

vous-même sa perception des choses à la vôtre. Voyez ce qui vous sépare et ce qui peut vous rapprocher.

4. *Échangez ensuite librement sur ce que vous avez saisi, compris, sur ce qui est monté en vous, en gardant à l'esprit que vous ne devez pas parler pour convaincre, mais bien plutôt pour partager votre point de vue. D'ordinaire, des éléments de solution au problème vécu se font jour à ce stade.*

Il est difficile, voire même propre à une très mauvaise volonté de la part d'un des participants, d'élever le ton ou de se faire injurieux en parlant avec quelqu'un de cette façon. Le simple senti des mains de l'autre dans les vôtres, de vos yeux dans les siens, suffit déjà à générer un contexte d'échange posé et respectueux dès le départ. Qui plus est, l'observance des points qui suivent peut également contribuer à optimiser la présente technique :

A. *Au risque de nous répéter, ne brisez jamais le contact établi en cours de discussion. Laissez les mains de votre interlocuteur uniquement lorsque l'exercice est, d'un commun accord, terminé. Avis également à ceux dont les poignées de main s'avèrent on ne peut plus fortes : ce cadre privilégié d'échange ne vous permet en aucun temps de broyer les mains de l'autre, si ce qu'il vous dit ne vous plaît pas..*

B. *Exercez-vous à pratiquer ce type de communication sur une base régulière, c'est-à-dire pas seulement lorsqu'une querelle est sur le point d'éclater. Vous devriez développer l'habitude à chaque jour, ou encore une fois aux deux jours, d'échanger de cette manière avec votre conjoint par exemple, ou votre adolescent de service, en vous permettant de la sorte de simplement discourir sur la journée vécue, le senti de chacun à ce moment, et ce pour dix à quinze minutes à chaque reprise.*

En agissant ainsi à intervalle régulier, vous acquérez une saine habitude de bien communiquer ce que vous vivez, ce qui rendra beaucoup plus facile le recours à cet outil quand une situation s'avèrera potentiellement dérapante. Vous devriez même convenir qu'en pareil cas, l'autre doit faire un effort afin de se plier spontanément à cette façon de faire.

C. *Avec le temps, et le savoir-faire afférent que vous allez développer ce faisant, essayez-vous le plus possible à ne jamais parler au 'Tu', c'est-à-dire en pointant l'autre de façon culpabilisante (dans le genre '***Tu*** m'as agressé par **ton** attitude' 'Tu as commencé..', 'C'est **toi** qui as dit cela..'). Efforcez-vous plutôt de vous exprimer au 'Je' (e.g. 'Je me suis senti blessé', J'ai vécu de l'abandon..), ce qui se révèle nettement moins incriminant. Rappelez-vous que trop de 'Tu' tue un échange.*

Tel qu'entendu déjà, retenez que cette communication ne vaut pas qu'à l'intérieur du couple, entre conjoints, mais bien plus largement encore : si vous sentez qu'il devient laborieux de parler avec votre enfant, proposez-lui d'échanger plutôt en vous prenant les mains, et en vous regardant dans les yeux. Ceci vous permettra de cultiver une authentique relation privilégiée avec lui, de littéralement conserver le contact, à des périodes de sa vie où cela n'est pas un acquis automatique.

Enfin, gardez à l'esprit que la pratique de cette technique entretient l'heure juste, le culte de la vérité si l'on peut dire, puisqu'il s'avère peu évident de mentir à l'autre dans un tel contexte : le contact des mains tout autant que des yeux se veut fort éloquent en ce sens..

TECHNIQUE D'ANCRAGE DANS LA RÉALITÉ

Se centrer sur la réalité immédiate lorsque l'Esprit s'emballe

Pour les gens déjà accoutumés à la pratique de la relaxation ou de la méditation, le présent outil s'inscrira donc dans une finalité similaire, puisqu'il vous convie essentiellement à vous enraciner dans une écoute telle du moment présent, que celle-ci en viendra à vous soustraire de tout dérapage chimérique ou fantasmagorique potentiel en vous. Car moult personnes en proie à différentes problématiques émotionnelles évoquent constamment cet état d'esprit dangereusement dérapant leur étant apparié, générant une scission malsaine d'avec la réalité, d'où la nécessité d'une technique comme celle-ci. Mais il y a plus : les grands stressés, anxieux et émotifs y trouveront également leur comble, puisque l'ancrage suggéré ici contribuera tout autant à les calmer, qu'à bloquer net le glissement en présence.

Voici donc le *modus operandi*:

> *Commencez tout d'abord par vous installer confortablement dans un endroit quiet où vous ne risquez pas de vous faire déranger, puis relaxez-vous, appliquez-vous à vous détendre de votre mieux, <u>tout en conservant les yeux ouverts</u>.*

A. *Fixez ensuite votre attention sur des points* **visuels** *positionnés dans votre champ perceptuel immédiat (une écriture sur un mur, un objet particulier, une source lumineuse..), et ce sans trop forcer. Laissez votre regard aller d'un à l'autre de ces points, puis dites-vous trois phrases à caractère justement visuel décrivant votre expérience ainsi vécue. Dans le genre :* 'Je vois la lumière briller au travers de ce morceau de verre, je vois le mouvement d'une araignée au plafond, je vois que* quelqu'un vient de lever les yeux pour regarder cette lampe'.

B. *Par la suite, passez à l'expérience* **auditive**, *et dites trois phrases sur ce que vous entendez 'sonorement' là où vous êtes : par exemple* 'J'entends le bruit de la climatisation, je perçois le son du papier que l'on manipule apparemment parce que quelqu'un lit un journal quelque part derrière moi, j'entends une personne se racler la gorge'.

C. *Puis trois phrases sur ce que vous* **éprouvez physiquement** : 'Je sens le contact du plancher sous mes pieds, je sens le poids de ma veste sur mes épaules, je sens la chaleur de mes deux mains croisées l'une sur l'autre'

Important : Dans les trois cas, prenez bien soin de pleinement ressentir chacune de vos perceptions, comme s'il n'y avait qu'elles qui constituaient votre réalité alors, comme si tout autre exercice d'analyse mentale vous était impossible à cette occasion.

Ceci bien assumé, élargissez ensuite votre senti perceptuel sur d'autres points, en repassant par les mêmes trois indices sensoriels, en vous efforçant cette fois-ci de formuler deux autres phrases caractéristiques pour chacun (e.g. visuellement 'J'entrevois le soleil qui se couche à l'horizon', 'Je constate que les arbres bougent sous l'impulsion du vent'; sonorement 'J'écoute la pluie qui commence peu à peu à tomber..', 'J'entends le son des voitures qui roulent dans la rue d'à côté..'; kinesthésiquement 'Je ressens une démangeaison sur le revers de ma main..', 'Mes yeux réagissent au courant d'air ambiant..'). Tel qu'entendu antérieurement, appliquez-vous à être particulièrement réceptif à ce que vous énoncez, et ce à chaque reprise.

Enfin refaites le tout encore une fois, mais cette fois-ci avec une seule phrase pour chaque canal. Et dans une perspective toujours aussi vivide.

Ces différentes étapes complétées, fermez les yeux pour une ou deux minutes avant de pleinement revenir à la réalité du moment actuel. Vous devriez être à cet instant nettement plus présent dans votre littéralité.

LE BÉNÉVOLAT APPLIQUÉ

Les extraordinaires bienfaits de cette activité hautement humanitaire et thérapeutique

La plupart des gens réagissent fréquemment en ricanant lorsqu'on leur propose cette idée d'activité de bénévolat, en tant qu'outil de psychothérapie. Et pourtant, lorsqu'on s'arrête à y réfléchir, cette pratique est, et de beaucoup, aidante à plus d'un égard, comblant plusieurs de nos besoins humains fondamentaux, tout en nous permettant de vivre des émotions édifiantes, que nous ne saurions autrement expérimenter. Certainement pas, en tout cas, en consultation individuelle avec un 'psy' !

Maintes personnes se plaignent de leur esseulement, de leur vide affectif, du manque d'occasion afin de rencontrer des gens simplement intéressants, susceptibles de devenir des amis dignes de ce nom. D'autres éprouvent énormément de mal avec leur estime personnelle, leur sentiment de valorisation, leur confiance en eux. Et plus simplement encore, il s'en trouve qui n'ont aucune activité réelle, aucune sortie personnelle, cantonnés entre quatre murs comme on dit communément, malencontreusement contingentés à la célébrissime routine du 'métro-boulot-dodo', sans autre but, sans raison d'être, sans âme..

C'est en considérant ces divers points et en réfléchissant à tous ce qu'elle permet d'expérimenter que l'on se rend à l'évidence qu'une activité basique de bénévolat répond d'exceptionnelle façon à toutes ces carences. Et ce qu'il y a de magnifique, c'est qu'avec la kyrielle d'activités existant en ce sens, chacun est susceptible d'y trouver son compte : des repas que l'on sert dans une soupière populaire au parrainage des jeunes à titre de 'grand frère' ou de 'grande sœur', en passant par l'accompagnement de personnes âgées, l'animation de sessions de bingo dans des centres d'accueil, sans oublier l'écoute active auprès de gens en souffrance, bref toutes les expériences possibles et imaginables peuvent pratiquement s'entrevoir par le biais de l'action bénévole. Et ce qu'il y a de fantastique dans le cadre d'une telle activité, c'est qu'il n'y a aucune rémunération pécuniaire d'entendue; donc ce que vous faites ne le sera jamais sous pression, jamais sous une obligation de performance, jamais pour rivaliser avec les autres. Et ce que vous allez plutôt recevoir en guise de juste gratification, ce seront les yeux émus des personnes que vous aurez aidées, les sourires appréciatifs du temps que vous leur aurez consacré, de chaleureuses accolades soulignant la qualité de votre implication.. Moult expériences humaines que nous ne vivons pas tous quotidiennement, et avec la même sincérité, non ?

Et ce qu'il y a de plus singulièrement heureux dans la poursuite assidue d'une telle activité, c'est que sur une période de quelques semaines, de quelques mois, le bénévole risque de développer une meilleure estime de lui-même, un sentiment de plus grande valorisation, menant à une confiance accrue en ses moyens, sans compter sa conviction croissante d'occuper une place qui est véritablement sienne dans une dynamique altruiste, au milieu d'intervenants qui s'avèrent authentiquement des personnes de cœur, de véritable êtres humains, à mille lieux des calculateurs et des profiteurs qui constituent d'ordinaire le lot de nos rencontres au quotidien.

De faire déjà une différence -aussi minime puisse-t-elle sembler à vos yeux- dans la vie des gens dans le besoin, de se dépasser soi-même sur le plan personnel en se mettant à l'écoute d'autrui au lieu d'indûment s'écouter soi-même à outrance, de constater à quel point l'adage 'Quand je me regarde, je me désole, quand je me compare, je me console' peut s'appliquer dans un tel contexte, il n'y a vraiment rien de plus à rajouter, les bénéfices se révèlent colossaux.
Et que dire de toutes ces personnes qui fréquentent les bars à chaque soir afin de s'étourdir, trouver un simulacre d'âme

sœur, pour ultimement se décourager du temps ainsi gaspillé.. Si ce que vous voulez, c'est du divertissement '*no brainer*' pour une nuit, vous êtes assurément là où il faut ! En contrepartie, si c'est une personne qui a le cœur au bon endroit que vous cherchez, quelqu'un d'authentiquement humain et dévoué, il se trouve de bien meilleurs endroits pour avoir l'opportunité de croiser leur chemin. Des lieux où l'admission est gratuite, et qui rapportent beaucoup plus, pas seulement sur le plan humain, mais potentiellement sur le plan sentimental même. Car beaucoup de personnes seules s'occupent à du bénévolat de toute sorte, pour se désennuyer, certes, mais surtout parce qu'elles débordent souvent d'affection à prodiguer. Cessez donc une fois pour toute d'engloutir vos deniers dans de coûteuses agences de rencontres, ou dans des sites web douteux où les photographies sensément récentes des prétendants ont été avantageusement, outrageusement, retouchées grâce à 'Photoshop' ! Donnez-vous donc plutôt une opportunité de voir ces soupirants dans de vraies situations de vie, pour mieux valider ainsi ce qu'ils ont authentiquement dans les trippes, histoire de mieux les connaître et de les apprivoiser dans le naturel le plus révélateur qui soit. Le naturel de l'altruisme humain.

Vous avez été en arrêt de travail durant une période prolongée, et appréhendez de retourner bientôt au boulot ? Une activité de bénévolat pourrait ici aussi très certainement vous servir de réapprentissage. Car même si votre domaine de travail n'est pas exactement celui de votre occupation bénévole, il vous permettra malgré tout de vous replonger dans une dynamique de groupe, de réapprendre à composer avec une certaine routine, et ce sans pression.

Mais il y a plus : quelqu'un qui cherche à savoir quel genre de carrière serait la plus indiquée selon ses intérêts, peut gagner à effectuer dans la même veine une activité de bénévolat dans une discipline l'intéressant. Nous avons même déjà recommandé à une jeune personne désireuse d'étudier en relation d'aide professionnelle de justement s'investir auparavant dans une activité de bénévolat auprès d'un centre d'intervention auprès des gens suicidaires, de façon à véritablement jauger la profondeur de sa vocation en la matière.

Comme vous le constatez, l'activité de bénévolat répond définitivement à des besoins concrets, et devrait même devenir pour vous une activité normale à pratiquer dans le contexte de votre emploi du temps régulier, parce que le fait de s'activer bénévolement amène à une certaine évasion du quotidien, à déborder de soi pour mieux exister en fonction d'autrui, et ce faisant, à cheminer plus authentiquement comme être humain.

Et au-delà de toutes ces considérations, ne perdez pas de vue un point qui n'est pas négligeable : puisqu'il ne s'agit pas ici d'un emploi formel que vous devez tenir afin de gagner de l'argent, payer vos comptes, honorer un contrat de travail, il vous est toujours loisible de vous en retirer le cas échéant, moyennant un simple préavis décent. Qu'avez-vous donc à y perdre ?

PRATIQUE ÉLÉMENTAIRE DE ZOOTHÉRAPIE

Tempérer la solitude et apprendre à mieux considérer tout ce qui vit

En psychopathologie clinique, l'une des techniques les plus intéressantes afin de tenter de ramener un tant soit peu un psychopathe ou un sociopathe à de meilleurs sentiments face à l'humanité ou à la société, consiste à lui faire peu-à-peu apprivoiser un petit animal de compagnie, histoire de faire naître chez le sujet une certaine tolérance à une présence autre que la sienne, puis d'en venir à accepter la même présence, et à ultimement développer un attachement affectif pour elle, à plus forte raison si elle en vient à manquer. Ainsi nouée, cette relation permet subséquemment d'entrevoir chez la personne une forme de reconnexion avec une dynamique sociale, donc un apaisement potentiel de ses tensions potentiellement psychotiques.

Est-il besoin de préciser que cette prémisse d'introduction ne cherche aucunement à réserver la présente technique à des cas extrêmes.. Ramenée à la réalité qui est substantiellement la nôtre, elle se veut extraordinairement efficace tout d'abord pour des gens esseulés, qui ont bien peu de compagnie, et qui sombrent parfois dans des états de déprime et de découragement. Pour ceux qui s'avèrent on ne peut plus réservés et timides, et qui ont du mal à se mêler à leur collectivité. Pour les autres qui ne sortent naturellement guère de leur lieu de résidence, et pour qui –dans tous les cas- la nécessité de faire une balade avec leur petite bête peut alors devenir une occasion en or afin de briser la solitude, croiser le chemin d'autres êtres humains, et même engager une conversation pouvant déboucher sur une certaine amitié au fil du temps. Enfin, en ce qui concerne celles et ceux qui ont du mal à carrément interagir avec autrui, qu'il s'agisse d'adolescents en butte à des malaises communicationnels, d'adultes peu enclins à sortir de leur bulle, de personnes retraitées qui ont l'impression de ne plus compter pour qui que ce soit et qui se gardent à elles-mêmes, là encore la présente technique s'impose en soi.

Mais attention : le processus présidant à la mise en marche en présence ne se vit pas en une journée. Comment maintenant mettre le tout en application :

1. *Commencez par jauger clairement vos besoins. Si vous désirez une présence qui vous serve de compagnie, il convient de savoir qu'un chien exige beaucoup plus en termes de suivi, qu'un chat. Un oiseau dans une cage est mignon, mais peu évident à toucher et à caresser. Qui plus est, tout dépendant où vous demeurez, certaines bêtes ne sont pas tolérées partout. Donc à vous de bien peser en tout premier lieu, ce qui vous convient le mieux, tout autant que ce qui colle le plus à votre réalité d'existence.*

2. *Si vous connaissez des gens autour de vous qui possèdent déjà des animaux domestiques, vous pouvez vous enquérir de leur vécu en ce sens, et même passer un moment en leur compagnie au quotidien, de manière à mieux évaluer 'de visu' tout ce qui est en présence.*

3. *Une fois arrêté le type de petit compagnon que vous souhaitez, permettez-vous par la suite de judicieusement faire du lèche-vitrine afin de vous donner le temps de dégoter celui qui émoustillera spontanément votre cote d'amour. Car bien au-delà de sa race et de son allure aguichante, de son prix ou de ses caractéristiques générales, celui-ci sera potentiellement appelé à partager votre existence pour des années. Ce sera donc un choix qu'il ne faudra pas faire à la légère.*

4. *Votre compagnonnage étant officialisé, veillez à dresser une petite liste des 'activités' que vous devrez*

faire par obligation, des autres que vous pourrez accomplir par plaisir, de manière à progressivement intégrer la réalité de votre nouveau compagnon à l'intérieur de la vôtre.

Advenant que l'aventure ne tourne pas aussi bien qu'escompté, il vous est, bien sûr, toujours loisible de retourner votre compagnon là où vous l'avez acquis, ou encore de chercher à le vendre, ou à le donner. Ce n'est pas l'idéal, en raison de l'attachement que vous aurez possiblement noué envers celui-ci, sauf que cela demeure tout de même mieux que de laisser perdurer une relation insatisfaisante.

SEPTIÈME PARTIE

Régler des litiges avec Soi et les Autres

PARDONNER / DEMANDER PARDON EN TROIS TEMPS, TROIS MOUVEMENTS

Poser un des gestes les plus puissants et aussi des plus difficiles qui soit

Un aphorisme de sagesse populaire dit que *quiconque refuse de pardonner à autrui, se coupe lui-même le pont sur lequel il devra un jour passer.* Ceci est d'autant plus vrai que bien au-delà de la métaphore en présence, il est juste de dire que la personne qui retient sa miséricorde se grève tout autant que celle qui maléficie de sa fermeture d'esprit. Sauf que les êtres humains que nous sommes étant justement humains, le présent acte s'avère souvent très ardu à considérer, et encore plus laborieux à mettre de l'avant.

L'outil que nous allons vous présenter cherchera donc à ouvrir davantage les effluves dans cette finalité, en vous permettant d'apprivoiser l'octroi ou la demande de pardon d'une façon progressive, étapée en trois temps distincts, et pouvant tout autant toucher quelqu'un de vivant que de trépassé. Car malheureusement, plusieurs gens nous quittent subitement en laissant en suspens quantité de choses non-dites ou non-résolues. Et grâce à ce qui suit, un certain apaisement en ce sens est assurément envisageable.

Voici le *modus operandi* :

I. L'Écriture
Isolez-vous dans un lieu où vous ne serez pas dérangé, en vous attablant devant papier et crayon, tout en étalant devant vous une ou plusieurs photographies de la personne envers qui doit s'effectuer ce travail. Prenez une minute pour préliminairement vous détendre, regardez ensuite les photos, puis commencez à écrire à cette personne, en vous adressant nommément à elle ('Bonjour Pierre', 'Chère Sandra') comme s'il s'agissait

d'une lettre toute personnelle, <u>mais que vous n'avez aucunement à lui envoyer</u> : nous parlons ici basiquement d'un exercice d'écriture libératrice pour vous. Sans aucune censure, sans aucune retenue, exprimez ce que vous ressentez devant la présente situation, que ce soit dans l'optique de demander ou d'accorder un pardon.

Il n'y a pas de temps limite à vous imposer ou un nombre de pages à atteindre : laissez-vous aller selon ce qui montera en vous, même si cela requiert que vous vous y preniez à différents intervalles. Une fois cette phase complétée, prenez soin de bien ranger à l'écart des regards indiscrets ce que vous aurez écrit, en laissant passer une ou deux journées complètes avant de passer à la phase suivante.

2. La Verbalisation

Ré-installez-vous tel que précédemment, en disposant sous vos yeux les photographies et ce que vous avez écrit, toujours dans le contexte le plus quiet possible. À nouveau, prenez une bonne respiration, puis replongez-vous mentalement et émotionnellement dans la situation que vous savez. Cette fois-ci néanmoins, il ne s'agira plus d'écrire, mais bien de verbaliser ce que vous ressentirez en relisant votre lettre, et en vous adressant à la photo de la personne concernée. Vous ne devez donc pas vous en tenir à une banale relecture de ce que vous aurez couché sur papier; vous pourrez au contraire vous arrêter à n'importe quel instant en cours de lecture pour ajouter des commentaires spontanés, des précisions que vous sentirez nécessaires, et ce selon ce que vous éprouverez sur le moment. Cela sous-entend que si des émotions montent en vous, permettez-leur de s'exprimer, sans rien restreindre.

Il va sans dire que si vous ne vivez pas seul, ou encore que vos murs n'offrent pas une isolation sonore à toute épreuve, vous pouvez sans problème parler à mi-voix. Cependant, abstenez-vous systématiquement de commenter intérieurement, sans mot dire : tel que le libellé de cette phase le laisse clairement entendre, il vous faut véritablement verbaliser les choses, en complément de ce que vous aurez mis sur papier, comme si la personne en question était devant vous, pleinement disposée à vous entendre.

À la complétion du tout, lorsque vous aurez senti avoir dit ce qu'il fallait, remisez encore une fois vos documents, et laissez une fois de plus passer une ou deux journées avant d'effectuer la suite.

3. L'Interaction

Même si cette phase peut être facultative dans sa littéralité, nous vous recommandons tout de même fortement de vous y livrer intégralement pour les raisons que vous allez entrevoir plus loin.

Maintenant que vous avez exprimé indirectement par l'écriture et la verbalisation ce que vous ressentiez, le temps est propice pour échanger directement avec la personne implicitement concernée par cette démarche de pardon.

Nous vous suggérons donc ici de contacter cette dernière et de lui proposer un rendez-vous en territoire neutre (dans un restaurant tranquille ou un café peu achalandé), où vous serez en mesure de prendre place dans un coin à l'écart, afin d'échanger avec ladite personne. Comme vous aurez déjà excisé de vous-même une certaine charge émotionnelle en écrivant et en verbalisant ce que vous viviez dans votre situation, vous serez donc nettement mieux prédisposé à dire les choses correctement, à écouter avec moins de rancœur et de frustration, tout en trouvant des mots plus justes dans vos réponses. Ce faisant, vous serez même surpris de constater à quel point votre interlocuteur pourra se révéler ouvert à vous, simplement parce que vous aurez de vous-même en tout premier lieu témoigné d'une volonté de dénouer votre conflit. Que vous demandiez pardon, ou que ce soit vous qui l'accordiez à l'autre, dans les deux cas, le tout devrait s'effectuer de manière bien plus sentie et sincère de cette façon.

Suprême raffinement ! Vous avez également le loisir d'intégrer à cette dernière phase l'outil de 'Communication mains dans les mains / yeux dans les yeux', que nous venons tout juste de voir, si vous souhaitez faire authentiquement les choses comme il se doit. Car tel qu'expliqué dans les pages réservées à cette dite technique, le fait de parler à quelqu'un en lui tenant les mains, et en la regardant dans les yeux crée une promiscuité extraordinaire pour ce genre de rapprochement.. À vous de voir si le tout vous convient, à vous comme à votre interlocuteur.

LE CONTACT D'INTENTION

Favoriser le dénouement d'une impasse par des voies subtiles

Lorsqu'une situation conflictuelle non-résolue s'avère le point d'origine du mal-être d'une personne, que ce soit à cause de choses qui auraient gagné à être dites et qui ne l'ont jamais été, en raison de l'intransigeance orgueilleuse de l'un des deux partis qui se refuse à tout échange, ou encore parce que le décès d'une des gens impliquées empêche toute possibilité d'action concrète en ce sens, le présent outil se veut assurément une option de choix afin de favoriser un apaisement ou même un heureux dénouement, de par son indéniable retentissement sur les zones subtiles de notre psyché. À la limite donc d'une certaine forme de télépathie et de méditation guidée, il peut aisément être pratiqué par le sujet, peu importe son ouverture personnelle en la matière. À vrai dire, ce qui comptera essentiellement ici, ce sera la volonté sentie et sincère d'une finalité pacifique et harmonieuse face à la situation en présence.

Anecdote clinique :

Un jeune homme, qui était un joueur compulsif devant une somme considérable au 'shylock' qui le tenait –tout près de 55000 dollars-, vint nous trouver en raison des crises d'angoisse épouvantables qui le rongeaient depuis quelques mois, en raison des retards qu'il avait accumulés dans ses paiements audit créancier. Comme ce dernier était un personnage peu enclin à discuter et explosif dans ses réactions, cela rendait la situation invivable, cauchemardesque même pour le patient.

En désespoir de cause, le jeune homme consentit à essayer la présente technique, se disant qu'il n'avait plus rien à perdre, s'essayant à un contact d'intention subtil avec son débiteur, quant à une ouverte de sa part à se faire plus accommodant. Et lorsqu'il finit par rencontrer celui-ci dix jours après avoir commencé cet exercice, il le trouva étonnament articulé et posé,

---

> spontanément disposé à discuter un 'refinancement' de sa dette.. 'Je suis un homme d'affaires' *lui aurait-il dit alors,* 'à quoi me servirait de te faire casser les deux jambes.. Je n'aurais certainement pas plus mon argent..'

Voici la procédure que nous recommandons :

1. *Commencez par vous détendre en fermant les yeux, et en prenant trois respirations intégrales consécutives. Faites ensuite le vide en vous, en visualisant l'image d'un grand ciel de nuit complètement noir, un ciel de nuit sans aucune étoile, sans aucun nuage, sans aucun tracas ;*

2. *Concentrez-vous maintenant sur la personne à sensibiliser, en vous la représentant mentalement de la façon la plus claire possible, ou encore en utilisant une photographie d'elle que vous étudierez un temps, avant de la visualiser à l'intérieur de votre front.* **Appliquez-vous par la suite à la voir entourée d'une bulle sombre et complète, les poings crispés, le regard clos, la tête inclinée vers le bas. Sentez particulièrement ces dits détails en termes de colère, d'esseulement, de fermeture intime.** *Maintenez cette représentation un moment ;*

3. *Effectuez ensuite progressivement un fondu au clair, c'est-à-dire induisez une lumière d'arrière-plan se faisant de plus en plus éblouissante, comme si elle ravivait énergétiquement l'horizon. Voyez dans le même temps l'aura ténébreuse qui encerclait la personne visualisée se dissoudre peu à peu, laissant la spectaculaire luminosité la toucher, la baigner de façon sensibilisante, revitalisante.*

4. *Voyez à présent ladite personne, qui décrispe tout d'abord ses poings, pour mieux ensuite lever la tête vers le haut, ouvrir les yeux de façon ostentatoire,*

comme si elle s'ouvrait maintenant à une certaine transcendance, loin au-dessus d'elle, toujours avec cette omniprésente luminosité en filigrane ;

5. *Fixez subséquemment cette personne un temps, puis **pensez émotionnellement** à ce que vous cherchez à lui communiquer (e.g. ouverture psychique, paix, fraternité, amour..). Appariez-lui ces saines énergies, en lui intimant mentalement votre nom complet ou votre image le cas échéant, à l'intérieur de cette même finalité. Conservez cette induction minimalement une minute, maximalement trois.*

6. *Intensifier ultimement le fondu au clair esquissé au point 3, de telle sorte qu'il fasse disparaître toute la scène dans son halo étincelant, et restez un moment concentré sur celui-ci.*

7. *Rouvrez les yeux, et rendez-vous progressivement tout-à-fait éveillé à la réalité ambiante.*

Cette pratique peut être mise de l'avant à chaque jour, idéalement en fin de soirée, pour cinq à dix minutes à chaque reprise, sur une période d'environ une semaine à dix jours.

L'ENTENTE AVEC SOI-MÊME OU LES AUTRES

Se motiver plus formellement à atteindre un but, à régler une situation

Nous avons tous, à un moment ou à un autre de notre existence, lu ou signé un bail, contracté un achat ou une location d'automobile, ou encore paraphé un acte notarié. Tous ces documents comportent bien sûr des textes très techniques, d'autorité lourdement légale, où il est prioritairement question de droit, de privilège, de conditions et de pénalités en cas de résiliation. Et nous savons que devant la loi, lorsque notre signature a été apposée au bas d'une de ces ententes, nous n'avons pas d'autre choix que de nous y conformer, sous peine d'encourir une amende ou des poursuites judiciaires.

Ce que nous vous proposons ici, c'est un format évidemment moins officiel de document, mais pas moins dépourvu de sens et d'engagement pour autant : une entente formelle avec vous-même, ou quelqu'un d'autre. Que ce soit pour vous aider à poser concrètement des gestes sur le plan personnel, ou encore afin de régler un différend avec un proche, cette technique vise d'abord à vous sensibiliser à une ou des obligations que vous contractez envers vous-même, ou envers une personne que vous connaissez, de manière à ce que vous assumiez la pleine responsabilité stipulée sur l'entente ; et advenant un non-respect de l'entente, à acquitter une pénalité de bon aloi, que ce soit via un don à effectuer, ou encore un service quelconque à rendre.

Avant d'aller plus loin, prenez d'abord connaissance de notre entente-type :

ENTENTE

Aujourd'hui, le _____ à _____. |

Moi, _____, je m'engage   2

solennellement par la présente à _____   3

_____.

C'est là une résolution que **je** prends la responsabilité d'assumer pleinement, et de

compléter d'ici le _____.   4

J'en retirerai ainsi le privilège de _____   5

_____.

Cependant, advenant de ma part un non-respect de cette résolution, je me

verrais dans l'obligation de _____   6

_____.

Je prends _____ à témoin de cette entente.   7

Ma signature _____   8

Mon témoin _____   9
ou 2ème signataire

VOICI LA MARCHE À SUIVRE :

1. Inscrivez la date et identifiez l'endroit où vous êtes.
2. Écrivez votre nom en lettres moulées (pas de signature ici).
3. Énoncez clairement ce que vous désirez atteindre.
4. Précisez, particulièrement s'il s'agit d'une résolution d'une certaine envergure, une date d'échéance pour son achèvement.
5. Indiquez ce que vous allez gagner en vous conformant à la résolution énoncée.
6. Il est des plus importants ici de vous fixer une pénalité en cas de non-respect, et de surtout voir à l'honorer le cas échéant. Vous n'avez pas, bien sûr, à tomber dans les extrêmes; cela peut consister en quelques dollars à verser à un oeuvre caritative, à une faveur à accorder à un de vos proches, et qu'autrement vous n'auriez pas consenti à exaucer, bref quelque chose qui vous fera sortir de l'ordinaire.

   Toutefois, si l'entente est passée avec une autre personne que vous-même, discutez avec elle des modalités de cette pénalité. Par exemple, une résolution passé avec votre fils au sujet de sa présence assidue à l'école peut, si elle n'est pas tenue, résulter en une suspension du droit de sortir avec ses amis le week-end.
7. Pour donner un caractère plus solennel à l'entente, on peut inscrire le nom de **Dieu** -le prenant ainsi à témoin comme si vous étiez devant une cour de loi-, ou encore d'une autre croyance supérieure que vous avez, sinon d'un parent ou d'un ami qui peut agir en qualité de témoin, et qui signera sur la ligne 9.
8. Maintenant, apposez votre propre signature.
9. Sur cette ligne, tel qu'entendu ci-haut, vous pouvez demander à votre témoin d'apposer sa signature. Si l'entente est passée entre deux individus, elle pourra alors servir à l'autre personne pour signer.

Important : Lorsque vous utilisez cette entente avec quelqu'un d'autre, veillez à ce que chacun ait en sa possession une copie bien remplie. Voyez donc à prendre une photocopie de l'entente originale, ou encore à en retranscrire un deuxième exemplaire à la main.

Vous désirez perdre du poids, et manquez de motivation pour y arriver ? Diminuer votre consommation d'alcool, en vous fixant clairement un bénéfice à en retirer ? Utilisez alors cette entente en tant que motivateur personnel ! Une fois bien remplie, épinglez-la de manière à ce qu'elle soit bien en vue pour vous, sur la porte de votre réfrigérateur, à l'intérieur de votre porte de chambre, ou sur un babillard devant lequel vous vous retrouvez fréquemment au cours de votre journée. En agissant de la sorte, vous vous doterez implicitement d'un conditionnement subliminal de première force, sur lequel vous porterez le regard sans y penser, et qui s'imprégnera ainsi subtilement en vous.

Mais il y a assurément plus en présence, si vous en considérez l'application en concomitance à une situation impliquant une autre personne : avec votre adolescent par exemple, afin qu'il range sa chambre, en retour d'une heure de sortie plus tardive le week-end; avec votre jeune adulte, pour qu'il accepte de s'occuper de la pelouse l'été, de déneiger l'entrée l'hiver, en échange de quoi il pourra vous emprunter la voiture un soir de week-end.. Les possibilités de réconciliation, de conciliation de positions adverses, s'avèrent ainsi pratiquement illimitées, en autant qu'une parcelle de volonté en ce sens soit présente chez la, les personne(s) qui se compromettent dans le présent outil.

Advenant que vous ne soyez capable de mener à bien la résolution inscrite, s'il-vous-plaît, ne paniquez point. Vous aurez toujours la chance de vous amender en acquittant la pénalité en présence, tout en vous permettant de vous donner une seconde chance, en envisageant de rédiger une nouvelle entente, et ce même si les termes sont sensiblement identiques à ceux de la précédente. Il faut néanmoins éviter de faire de ceci une simple routine où il devient trop facile de toujours recommencer. À nouveau, profitez-en afin de vous motiver, ou de motiver les vôtres, à accomplir quelque chose (*cesser de fumer, réussir un cours, etc.*), moyennant des avantages (*une petite gâterie que l'on peut s'offrir, un voyage à s'offrir ou à offrir à quelqu'un*), mais aussi des inconvénients en cas de non-respect (*déposer 25 $ dans une tirelire, verser une somme à une œuvre caritative ou payer un repas à quelqu'un...*).

3GARIMA

Trois gestes d'amour rachètent une mauvaise action

La culpabilité personnelle, la sensation d'être fautif et, surtout, de ne pouvoir être en mesure de faire adéquatement amende honorable, constitue l'une des souffrances les plus répandues, et certes l'une des plus ardues à tenter de solutionner. En effet, de la même façon que nous ne sommes pas spontanément portés à accorder notre pardon à quelqu'un qui nous a offensé, le fait d'avoir nous-même du mal à vivre si nous ne l'obtenons pas d'un tiers peut s'avérer si lourd à supporter sur le plan émotionnel, qu'il devient presqu'impossible pour la personne qui en est la victime de simplement fonctionner au quotidien.

> Anecdote clinique :
> *Sans rendez-vous, un homme de forte carrure se présenta à notre bureau vers 8 heures du matin en début de semaine, en nous suppliant de le recevoir. Il venait apparemment de sortir de prison depuis quelque temps, où il avait purgé une lourde peine pour homicide involontaire, et semblait totalement dévasté. Il nous raconta que huit ans auparavant, sous l'effet de l'alcool et de drogues, il avait perdu le contrôle dans un bar, et frappé un jeune homme au point de le tuer, simplement parce que ce dernier l'avait regardé de travers. En éclatant en sanglots, il lâcha n'avoir payé sa dette qu'à la société jusqu'à présent, que face à Dieu, tout restait encore à faire, qu'il ne voyait pas comment il pouvait compenser pour cette vie qu'il avait si malhabilement prise.*

Dans un tel cas, même la meilleure des psychothérapies ne saurait linéairement dissiper le senti personnel en présence. Qu'on se souvienne d'Oscar Wilde, le grand dramaturge britannique, qui prétendait qu'aucun être humain n'est jamais assez riche pour racheter son passé. À vrai dire, la seule ressource naturelle qui semble indiquée afin de minimalement tempérer le sentiment de culpabilité présent, c'est le temps. Même s'il en est dit qu'il arrange toujours les choses, il est hélas ! insuffisant pour permettre un réel soulagement dans l'immédiat. De concert avec une thérapie, cela peut assurément aider, mais il y a mieux. Beaucoup mieux. Une activité nettement plus 'proactive' au niveau thérapeutique : 3GARIMA.

Au cours de l'histoire, au travers de maintes cultures, de moult traditions spirituelles, que ce soit chez les Égyptiens et les Étrusques, les Sumériens ou encore les Babyloniens, il a fréquemment été sous-entendu que pour se racheter moralement d'une faute commise, une règle de 3 pour 1 pouvait prévaloir dans un certain ordre divin des choses. À savoir donc que pour un manquement donné, peu importe sa gravité intrinsèque, trois gestes à consonance altruiste pouvaient contrebalancer le retentissement de celui-ci, en racheter même son occurrence littérale, mais à condition que ces gestes soient posés d'une façon désintéressée, non calculatrice, dans une visée d'intention humanitaire et de volonté de se repentir. Ce qui préside exactement à l'arrêt de cette règle nous échappe, tout autant que la miséricorde intimement appariée à cette manière de procéder. Cependant, le fond même de ce qui est en présence ici, ainsi que sa redite à l'intérieur de traditions millénaires espacées les unes des autres dans le temps comme dans l'espace, suffit largement pour nous convaincre de son bien-fondé curatif.

Dans la foulée de l'anecdote clinique présentée ci-haut, nous avons conséquemment proposé au patient de s'impliquer dans une activité de nature bénévole –il va sans dire !- mais intimement liée à une visée personnelle d'amendement. Avec une lettre de recommandation de notre part, le sujet trouva justement une place dans un organisme dédié à la sensibilisation auprès des jeunes des méfaits de l'alcool et de la drogue, en qualité de personne-ressource appelée à partager son vécu, et à soutenir les adolescents en difficulté. Dès le début, son implication fut de première qualité, et ses partages, appréciés et populaires. Après huit mois de ces activités incessantes, affichant irrémédiablement un dévouement et une repentance exemplaires, notre sujet commença à ressentir un certain mieux-être et à éprouver enfin une rémission plus sentie pour ce qu'il avait fait.

Cette façon de faire ne sera pas sans rappeler à certains l'essence même du très beau film 'Payez au Suivant', mettant en vedette Kevin Spacey et Helen Hunt, dans lequel Haley Joel Osment promouvait le génial projet de donner sans attendre de l'aide à autrui, afin de générer un semblable élan envers trois –tiens, tiens..- autres personnes, créant ainsi une formidable chaîne d'altruisme pur, et dangereusement contagieux. À plus forte raison donc, dans un esprit de repentance et de rachat, le même principe peut-il s'appliquer à une âme tourmentée par la culpabilité et l'incapacité de faire apparemment amende honorable. Car selon une loi spirituelle affirmant qu'il existe un choc en retour pour toute pensée ou action que nous fomentons, de faire le bien ne saurait donc attiser en contrepartie que du bien, **mais** décuplé.

Ce sera donc dans cette finalité hautement libératrice que le présent outil trouvera tout son sens, que vous soyez religieux ou non, spirituel ou sans conviction de cette nature, et peu importe la teneur profonde de ce que vous pouvez avoir à vous reprocher.

RÉFÉRENCEMENT SUGGÉRÉ POUR
PROBLÉMATIQUES SPÉCIFIQUES

Ce que nous vous proposons maintenant -*et très humblement*- au fil des pages à venir, ce sont des recommandations visant à aider le lecteur à mieux s'y retrouver dans la recherche et l'arrêt des outils qui correspondent le mieux à ses problèmes. Nous écrivons '*très humblement*' parce que nous n'aspirons évidemment en aucun temps, et de quelque façon que ce soit, à nous faire ici péremptoire ou définitif quant aux choix que nous vous proposons : puisque le très grand plaisir de rencontrer la majorité d'entre vous en consultation individuelle ne nous a pas été possible, vous comprendrez bien que la sélection de ces dits outils ne saurait donc être littéralement parfaite et parfaitement sur mesure pour votre cas personnel. Aussi avons-nous tenté de justifier par une phrase ou deux le pourquoi de nos choix, sous chacune des techniques sélectionnées pour chaque problématique, dans le but de vous éclairer un peu plus en ce sens.   Et si, en parcourant ce livre de la première à la dernière page, vous aboutissez à une sélection autre que la nôtre pour ce que vous vivez, et que celle-ci vous réussisse, sachez que nous ne vous en tiendrons point rigueur, la préséance allant à votre mieux-être.

Agressivité et instinct de violence

- Le Principe de l'Exorcisme
  Afin d'exciser la charge émotionnelle potentiellement à l'origine de ce trop-plein.

- L'Épuration systématique
  Même visée que précédemment.

- La Sublimation de vos Pulsions

Extérioriser cette fois-ci cette même charge, mais dans une finalité plus constructive.

- Pratique basique de Zoothérapie
  Ré-apprivoiser les bases d'une relation, cette fois avec un petit animal de compagnie, dépourvu de préjugé, et ne cherchant qu'à aimer / être aimé.

- Tempérance émotionnelle intégrale
  Outil à utiliser dans les moments plus difficiles du quotidien.

Angoisse et crise de panique

N.B. : Cette problématique se veut la forme plus sévère de celle qui suit, i.e. <u>Appréhension et Anxiété</u>. Dans le cas où votre senti ici s'avérerait plus léger, nous vous suggérons d'opter plutôt pour les recommandations de la subséquente.

- Tempérance émotionnelle intégrale
  Une technique plus avancée, fort utile dans le cours de nos journées.

- Déconditionnement de l'Émoi anxiogène II
  À pratiquer en soirée, pour mieux modeler le subconscient dans une perspective épurative. Il va sans dire que nous recommandons de commencer par le <u>Déconditionnement de l'Émoi anxiogène I</u>.

- Le Tableau de mes Chimères personnelles
  Une autre façon, plus appliquée celle-là, de travailler les racines plus profondes du présent problème.

- Cultiver un État Constructif de Conscience

Une fois une certaine épuration effectuée, cet outil met de l'avant le développement d'une meilleure attitude mentale, se reflétant sur les perceptions à la base du problème.

- Les Gestes Gradués de Dépassement personnel
Une autre manière d'appliquer dans le vécu des actions thérapeutiques favorisant un senti palpable de dépassement.

Appréhension et anxiété

N.B. : *Tel que stipulé ci-haut, cette problématique constitue le premier stade de* <u>Angoisse et crise de panique</u>. *Ce qui suit devrait donc être davantage considéré pour traiter une forme moins saisissante dudit trouble.*

- Respirer / Dédramatiser / Visualiser
Un véritable remède portatif complet et efficace, praticable dans presque toutes les situations.

- Le Principe de Visualisation Zéro
Un autre outil de terrain, dans la même veine que le précédent, à mettre essentiellement en application si vous sentez que vous y répondez mieux.

- Principe basique de Méditation
À employer principalement, mais non exclusivement, chez soi, de manière à centrer son attention sur un point précis, e.g. la flamme d'une bougie, pour éviter un dérapage plus marquée de l'état appréhensif.

- Déconditionnement de l'Émoi anxiogène I
Un tutorial des plus aidants, à pratiquer à la maison, en se mettant au lit, de façon à mieux toucher le subconscient.

Apprendre à mieux vivre avec des êtres humains

- Principe basique de Zoothérapie
L'apprivoisement d'un petit animal de compagnie se veut un pas sûr vers un ré-apprivoisement de son prochain.

- Le Bénévolat appliqué
Une activité en or dans le but de connecter avec des êtres humains, souvent moins choyés que nous, tout autant qu'avec d'autres bénévoles, c'est-à-dire des gens d'un altruisme inspirant.

- Développer de l'Estime de Soi et de la Valorisation
Le malaise avec autrui s'explique souvent par un manque d'estime personnelle; de se reconstruire en ce sens via cet outil ne peut qu'aider vos futures interactions humaines.

- La Sublimation de vos Pulsions
Une technique plus pragmatique, peaufinant l'expression de ce que vous dégagez dans une dynamique humaine.

Apprivoiser sa grande sensibilité

- Développer de l'Estime de Soi et de la Valorisation
Une façon de tonifier votre intérieur, de vous faire plus solide afin de conséquemment vous laisser moins atteindre par l'extérieur.

- Visualisation ressourçante
Une méthodologie simple, mais psychiquement des plus revitalisantes, dans une optique similaire à celle du point précédent.

- Le Bénévolat appliqué

Le contexte d'activité idéal pour sentir que vous n'êtes point unique dans votre grande sensibilité, tout en sublimant celle-ci d'une façon sentie et appliquée.

Bris affectif, Deuil, Rupture

- Mieux assumer le Processus de Deuil
  Constater qu'il y a des étapes normales à suivre, à vivre, dans un tel contexte, et se donner le temps qu'il faut en ce sens.

- Dresser le Bilan d'une Relation
  Effectuer la rationalisation de ce qui est, de ce qui a été, vécu avec quelqu'un, dans une finalité bien sûr constructive.

- Pratique basique de Zoothérapie
  Surmonter par cet outil l'impression de se sentir seul, abandonné, sans raison de continuer à vivre après coup.

- Le Bénévolat appliqué
  Reconstruire peu-à-peu vos interactions humaines, dans un contexte souvent doux et humainement tonifiant.

- Pardonner en trois temps, trois mouvements
  S'il s'avère que des choses sont demeurées en suspens à la suite d'un deuil, d'un bris affectif, la présente méthode peut grandement contribuer à relâcher ces tensions.

- Matière à mûrissement
  Petits points de sagesse à lire et à mûrir à votre rythme, dans l'ordre de votre rétablissement.

Briser ses patterns émotionnels, ses patterns de vie

- Le Principe de l'Exorcisme

Excisez la charge émotive en présence derrière ces patterns par un travail psychique méthodique et pénétrant.

- Protocole d'assainissement/reconditionnement psychique
  Dans un premier temps, approfondir le déconditionnement du point précédent, et dans un deuxième, vous affirmer psychiquement dans une tangente différenciée.

- Le Tout Dernier Jour
  Permettez-vous de vivre justement différemment votre routine, trop fréquemment toute en patterns, en élargissant le champ de vos actions.

Composer avec le stress

- Respirer / Dédramatiser / Visualiser
  À nouveau, un outil littéralement portable, facile à exécuter en situation de stress et surtout, surtout, efficace.

- Tempérance émotionnelle intégrale
  Une pratique toute aussi aidante que la précédente, dans la même finalité, mais dans un registre différent.

- Visualisation ressourçante
  Une façon psychiquement très ré-énergisante de vous renforcer intérieurement, et de conjurer les effets du stress. À pratiquer essentiellement chez soi ou, à la limite au bureau, mais à condition de bénéficier d'un espace clos.

- Protocole complet de Relaxation
  Une fois de plus, à faire à la maison, intégralement, dans le but de vous épurer des scories de la journée, et d'ainsi attiser un sommeil nettement plus réparateur.

<u>Composer avec la pression</u>

- Respirer / Dédramatiser / Visualiser
  Devant cette problématique, les trois phases de cette méthode vont indiscutablement de soi.

- Tempérance émotionnelle intégrale
  Désamorçage bienfaisant de tout ce qui est à l'origine de cette dite pression.

- Visualisation ressourçante
  Après le soulagement précédent, une revitalisation systématique s'impose.

- La Sublimation de vos Pulsions
  Expurger son trop-plein de pression dans le cadre d'une activité constructive ne peut qu'aider à mieux se porter.

<u>Communiquer mieux, communiquer plus constructivement avec autrui</u>

- Communication d'une Demande en Crescendo
  Formuler des propos dans une délicate et stratégique façon de faire prédispose à une interaction de meilleure qualité.

- Communication en trois temps
  Où parler pour échanger, et non plus parler pour imposer, prend tout son sens.

- Communication mains-mains / yeux-yeux
  Le meilleur outil de communication, commandant respect et authenticité, et exécutable dans presque tous les contextes interactionnels.

<u>Confiance en Soi</u>

- Développer de l'Estime de Soi et de la Valorisation
  Cultivez d'abord par cet outil les bases fondamentales de la confiance en Soi, c'est-à-dire l'Estime personnelle, puis le sens de la Valorisation.

- Le Bénévolat appliqué
  Une fois de plus, l'activité par excellence où le dépassement individuel, l'altruisme personnel, ne peuvent que mener à un sens de l'affirmation extraordinairement fin sur le plan de la personnalité.

- Les Gestes de Dépassement personnel
  Nous entendons parfois parler d'agenda secret; voici justement le vôtre ! Devisé selon vos possibilités, dans une perspective hautement personnalisée de confiance constante et croissante.

Culpabilité et sentiment de honte

- Lâcher-prise sur le sentiment de Culpabilité
  Un protocole senti à pratiquer sur une certaine période de temps afin d'en obtenir un réel bienfait psychique.

- Pardonner en trois temps, trois mouvements
  Les présents sentiments vont fréquemment de pair avec un besoin implicite de se faire pardonner certaines choses. Ce sera donc ici, maintenant !

Dénicher un travail à sa mesure, selon ses goûts

- Le Bénévolat appliqué

Avant de choisir une carrière ou un métier, pourquoi ne pas concrètement faire du bénévolat dans le domaine, histoire de jauger la réalité en présence.

- Réalisation méthodique d'un Rêve
  Esquissez ensuite votre plan d'action en ce sens, afin d'en jauger la juste potentialité de réalisation dans votre cadre de vie.

- La Concertation
  Enfin, supportez psychiquement par cette technique la pleine actualisation subconsciente de ce travail pour vous.

Dépendances (Alcoolique, Affective, Substances..)

- Principe de l'Exorcisme
  Afin de vous désinhiber des souches profondes et latentes de votre addiction.

- Principe de Visualisation zéro
  De manière à faire face aux ressurgences possibles de votre dépendance en cours de route.

- Tempérance émotionnelle intégrale
  Une aide portable, dans la concomitance du précédent outil.

- Pratique basique de Méditation
  Un exercice de tempérance formidable afin de contrer les envies de consommer, en se centrant, en se concentrant, sur la flamme d'une bougie.

- Loisirs thérapeutiques
  Le recours à des meetings de mouvements anonymes ou à des rencontres de divers groupes de soutien peut s'avérer des plus importants pour que vous mainteniez le cap.

- La Sublimation de vos Pulsions
Une activité de défoulement, un exutoire pour les moments plus ardus, voilà toute la raison d'être de la présente méthodologie.

Déprime, désespoir, lassitude

- Cultiver un État constructif de Conscience
Si le bonheur est effectivement un état d'esprit, cette pratique se veut assurément le fondement premier pour contrer la problématique en présence ici.

- Développer de l'Estime de Soi et de la Valorisation
Voilà le fondement second afin de bien sentir que le présent état ne doit être qu'un épisode momentané.

- Les Gestes gradués de Dépassement personnel
Voici le fondement troisième, visant à maintenir et à renforcer la sensation d'actualisation et d'optimisme.

Désapprendre la peur

- Cultiver un État constructif de Conscience
Un vieux professeur de Sinanju prétendait que la peur n'était pas autre chose qu'un simple senti perceptuel de l'esprit, et que conséquemment, une toute aussi simple attitude mentale plus empreinte de foi et de confiance pouvait résolument en venir à bout.

- Développer de l'Estime de Soi et de la Valorisation
Et par le présent 'modus operandi', cette même confiance peut se bâtir ou se rebâtir selon votre propre carence en la matière.

- Les Gestes gradués de Dépassement personnel

Enfin, ces actions pragmatiques achèvent d'alimenter et de conserver son niveau personnel de foi en ses moyens au beau fixe.

Développer plus activement sa Vie

- Le Mantram de Motivation
  Pour se créer justement une activation plus profonde, plus proactive.

- La Gestion de votre Temps, l'Étoffe de votre Vie
  Cette méthode permet de clairement voir à quoi vous dépensez votre temps, autant que comment vous pouvez améliorer les choses.

- Le Bénévolat appliqué
  Une activité stimulante et grandissante, à pratiquer dans le domaine qui vous appelle le plus.

- Les Gestes gradués de Dépassement personnel
  Une autre façon hautement personnalisée de vous sentir apte à aller toujours un peu plus loin.

Éclaircissement de Décision / Difficulté à trancher

- La Clause comparative
  En mettant en parallèle les tenants 'pour' et 'contre' en présence, tout en les laissant mûrir un temps, permet une vision nettement plus éclairée et sentie de la situation.

- Pratique basique de Méditation
  Bien au-delà de l'acte décisionnel conscient, nous suggérons ici de méditer la situation en même temps que vous essayez de recréer l'image de la flamme en vous, et de laisser les niveaux supérieurs de votre esprit vous inspirer quant à ce qu'il serait judicieux de faire.

- L'Entente avec Soi-même et les Autres
  *De conclure une entente avec vous-même relativement à
  une décision difficile à arrêter peut vous aider à mieux
  l'assumer, si la finalité ultime ne s'avère pas aussi heureuse
  qu'escompté.*

- Dresser le Bilan d'une Relation
  *Advenant que le litige en présence concerne une personne,
  permettez-vous alors d'évaluer la profondeur du lien vous
  unissant, de manière à mieux en dégager des éléments de
  réponse.*

Effectuer une psychothérapie par Soi-même

> *N.B. : Sous le présent titre, nous suggérons davantage au
> lecteur l'idée d'un regard introspectif sur son
> existence, en place et lieu d'une véritable
> psychothérapie selon les règles de l'art (…) Les
> puristes du domaine et autres initiés du même acabit
> auront saisi que nous serrons effectivement
> beaucoup plus ici l'esprit de la chose, que sa lettre..*

- Être soi-même son propre 'Psy'
  *Une démarche sentie et dosée visant à exciser les charges
  émotionnelles latentes dans le vécu du sujet.*

- Le Journal personnel méthodique
  *Un autre exercice pouvant se faire aussi bien introspectif
  que rétrospectif, mais dans les deux cas, avec une morale
  de l'histoire des plus aidantes.*

Épuration de mauvais conditionnements, d'un trop-plein émotionnel

- Le Principe de l'Exorcisme
  Psychiquement, c'est là une des meilleures façon de faire pour se libérer de scories grevantes.

- L'Épuration systématique
  Méthodiquement plus rationnel et moins émotionnel que le précédent outil, mais non moins efficace pour autant.

- Être soi-même son propre 'Psy'
  Tel que nous l'avons déjà mentionné, surtout en raison du désamorçage qu'il permet de la charge émotionnelle en arrière-plan de certains épisodes de notre vécu.

Exprimer des émotions refoulées

- Le Journal personnel méthodique
  Afin de vous confier intégralement dans ce que vous vivez, sans rien retenir, sans crainte de se faire juger.

- La Sublimation de vos Pulsions
  Une façon appliquée de vous extérioriser sainement, dans une visée même constructive.

- L'Épuration systématique
  Comme le libellé l'indique, cet outil permet de littéralement épuiser le trop-plein émotionnel que vous pouvez avoir.

- Le Principe de l'Exorcisme
  Même idée que le point précédent, à la seule différence que cette méthode-ci opère plus profondément au niveau du subconscient.

Faire davantage confiance à Autrui

- Pratique basique de Zoothérapie

Quand la confiance humaine est ébranlée jusque dans son fondement, d'apprivoiser un petit animal de compagnie permet de se refaire peu à peu dans cette finalité.

- Communication mains-mains / yeux-yeux
La meilleure façon de procéder dans le but de sentir l'authenticité de quelqu'un, et d'ainsi rebâtir un lien de confiance.

- L'Entente avec Soi-même et les Autres
Une idée de 'contrat' à honorer entre deux personnes cherchant justement à se refaire confiance.

- Le Bénévolat appliqué
Une activité où la nature humaine est à son apogée, dans ce qu'elle peut avoir de plus digne de confiance et de plus noble.

Favoriser un retour à la Santé / Faciliter le processus curatif

- Cultiver un État constructif de Conscience
Commencez par s'alimenter dans une saine attitude mentale.

- Visualisation Émotionnellement Sentie
Un traitement simple, mais psychiquement tonifiant.

- Visualisation Ressourçante
Même visée que précédemment, mais davantage axée sur l'aspect revitalisation.

- La Prière du Dr Murphy
Un auto-conditionnement librement inspiré par le pionnier de la pensée curative.

- La Concertation

Une puissante technique d'actualisation de l'état d'être que vous cherchez à atteindre.

Humeurs erratiques / Changement incessant de 'moods'

- Pratique basique de Méditation
  Fortement recommandé afin de concentrer son attention, et conséquemment stabiliser ses humeurs.

- Technique d'ancrage dans la Réalité
  Tel qu'entendu ci-avant, ce moyen permet de minimiser tout dérapage émotionnel potentiel, en solidifiant sur le champ ses assises dans le monde réel.

- Cultiver un État Constructif de Conscience
  Une façon saine et évidemment constructive de se centrer, en utilisant l'état d'esprit comme point de départ.

- La Gestion de votre Temps, l'Étoffe de votre Vie
  Stabiliser son emploi du temps revient à faire potentiellement de même pour ses 'moods', le présent encadrement leur permettant moins de latitude pour s'emballer.

Manque d'Affirmation, d'Estime, de Valorisation

- Développer de l'Estime de Soi et de la Valorisation
  La base fondamentale à mettre de l'avant ici.

- Le Bénévolat appliqué
  Où jouer de façon altruiste un rôle d'aidant contribue à l'estime de soi et à l'étoffe de sa valeur personnelle.

- Les Gestes gradués de Dépassement personnel
  Votre propre itinéraire à vous d'accomplissements progressifs, et d'affirmation personnelle.

- Reconditionnement psychique personnalisé
Le complément psychique indispensable aux démarches précédentes.

Pardonner, se pardonner et se faire pardonner

- Pardonner en trois temps, trois mouvements
Une méthodologie de départ étapée, et facile à appliquer.

- Lâcher-prise sur le sentiment de Culpabilité
..qui apparie l'idée de la Culpabilité que l'on ressent à celle du Pardon dont on a besoin.

- 3GARIMA
Le moyen par excellence de faire amende honorable envers la collectivité, la Vie ou Dieu.

- Le Contact d'Intention
Lorsque le Pardon concerne une personne particulièrement fermée ou défunte.

- Matière à mûrissement
Des points de sagesse sur lesquels réfléchir, dans le but d'élargir son entendement et sa disposition envers les autres.

Perte du goût de vivre et de faire des efforts

- Le Mantram de Motivation
Afin de psychiquement vous relancer et vous entretenir dans une voie d'autoréalisation.

- Cultiver un État constructif de Conscience

La continuation directe du point précédent.

- Les Gestes gradués de Dépassement personnel
  Dans le but de mieux ré-apprivoiser l'effort, mais petit-à-petit.

- Développer de l'Estime de Soi et de la Valorisation
  Reprendre ainsi le goût d'être plus pleinement soi-même, en constatant que l'on en vaut la peine.

Prendre sa place et se faire valoir

> *N.B. : Selon la nature profonde du senti en présence, le lecteur gagnera à également consulter l'outil* <u>Manque d'Affirmation, d'Estime, de Valorisation</u>

- Les Gestes gradués de Dépassement
  Un moyen de simplement se donner une place à l'intérieur de sa propre vie.

- Respirer / Dédramatiser / Visualiser
  Valable notamment pour les volets Dédramatiser et Visualiser, quand vient le temps d'abattre ses barrières et de configurer un dénouement heureux.

- La Concertation
  Une fois le point précédent mis à profit, cet outil constitue sa juste continuité, sous des auspices plus subtiles.

Racheter ses fautes / Faire amende honorable

Voir '<u>Pardonner, se pardonner et se faire pardonner</u>'

Réaliser un rêve / Concrétiser un Projet

- Réalisation méthodique d'un Rêve
Considération basique et réaliste de tout ce qui est en présence derrière l'actualisation d'un idéal.

- La Gestion de votre Temps, l'Étoffe de votre Vie
Faisant suite au point précédent, il renforce sa réalisation potentielle en vous astreignant à planifier des actions spécifiques en ce sens.

- La Concertation
Projection subliminalement actualisée dudit rêve.

Rencontrer de nouvelles personnes / Se faire des amis

- Le Bénévolat appliqué
Là où les gens de cœur se retrouvent.

- Pratique basique de Zoothérapie
Qui n'a pas déjà promené son chien dans un parc, et effectué une rencontre heureuse ?

- Le Contact d'Intention
Sur un plan plus subtil, cet outil permet de psychiquement toucher autrui, et de favoriser ce faisant un lien affectif potentiel.

- 3GARIMA
En semant un certain bonheur autour de soi par des gestes altruistes, on ne peut faire autrement que de s'attirer semblablement de l'affection.

Retourner sur le marché du travail après un temps d'arrêt

- Cultiver un État Constructif de Conscience

Dans le présent contexte de ré-apprivoisement, il importe de s'ouvrir plus sensiblement en ce sens.

- Le Bénévolat appliqué
  De s'activer bénévolement à l'intérieur d'une dynamique humaine, et ce sans pression, sans nécessité de performance, ne peut que mieux vous prédisposer à retourner travailler.

- Loisirs thérapeutiques
  Dans le même ordre d'idée que le point précédent, selon vos besoins personnels.

Surmonter la dépendance affective

- Le Principe de l'Exorcisme
  L'exercice de base dans le but de vous libérer de vos patterns psychiques de cet acabit.

- Le Tableau de mes Chimères personnelles
  Pour les mêmes raisons que le point précédent.

- L'Épuration systématique
  Là aussi, à utiliser selon votre préférence, votre besoin propre.

- Cultiver un État constructif de Conscience
  Excellent afin de vous attiser dans un détachement, puis dans une assomption plus satisfaisante de votre autonomie.

- Le Bénévolat appliqué
  Cultivez l'idée d'exister en fonction d'autres personnes que celle qui est à la base de votre dépendance.

Vaincre l'Esseulement

- Principe basique de Zoothérapie
Une petite présence animale, dès le départ, contribue à nous faire sentir beaucoup moins seul.

- Le Bénévolat appliqué
Quoi de mieux que de s'immerger dans un contexte à haut indice d'humanité pour sentir que nous avons une appartenance ?

- Loisirs thérapeutiques
Visée concomitante à celle que nous venons d'énoncer.

BIBLIOGRAPHIE SOMMAIRE

Lamontagne MD, Dr Yves
Les Problèmes psychologiques de la Vie quotidienne
Montréal, Éditions Guy St-Jean, 1977.

Léger MD, Dr Yvan
Découvrez votre Personnalité
Montréal, Éditions La Presse, 1975.

McMahon Ph.D., Suzanna Dr
The Portable Therapist
New York, Dell Trade, 1994. 228 pages.

Stone Ph,D., Dr Robert
Celestial 911
St.Paul, Minnesota, Llewellyn, 1997. 241 pages.

Ulloa, Emilio A.
Palabras de un Guerrero
Montreal, EAU, Diciembre 2005. 387 pages.

www.ingramcontent.com/pod-product-compliance
Lightning Source LLC
Chambersburg PA
CBHW060834170526
45158CB00001B/163